石油教材出版基金资助项目

高等院校计算机类特色规划教材

Python学习辅导与实践

李国和　邓　橙　史海涛　编著

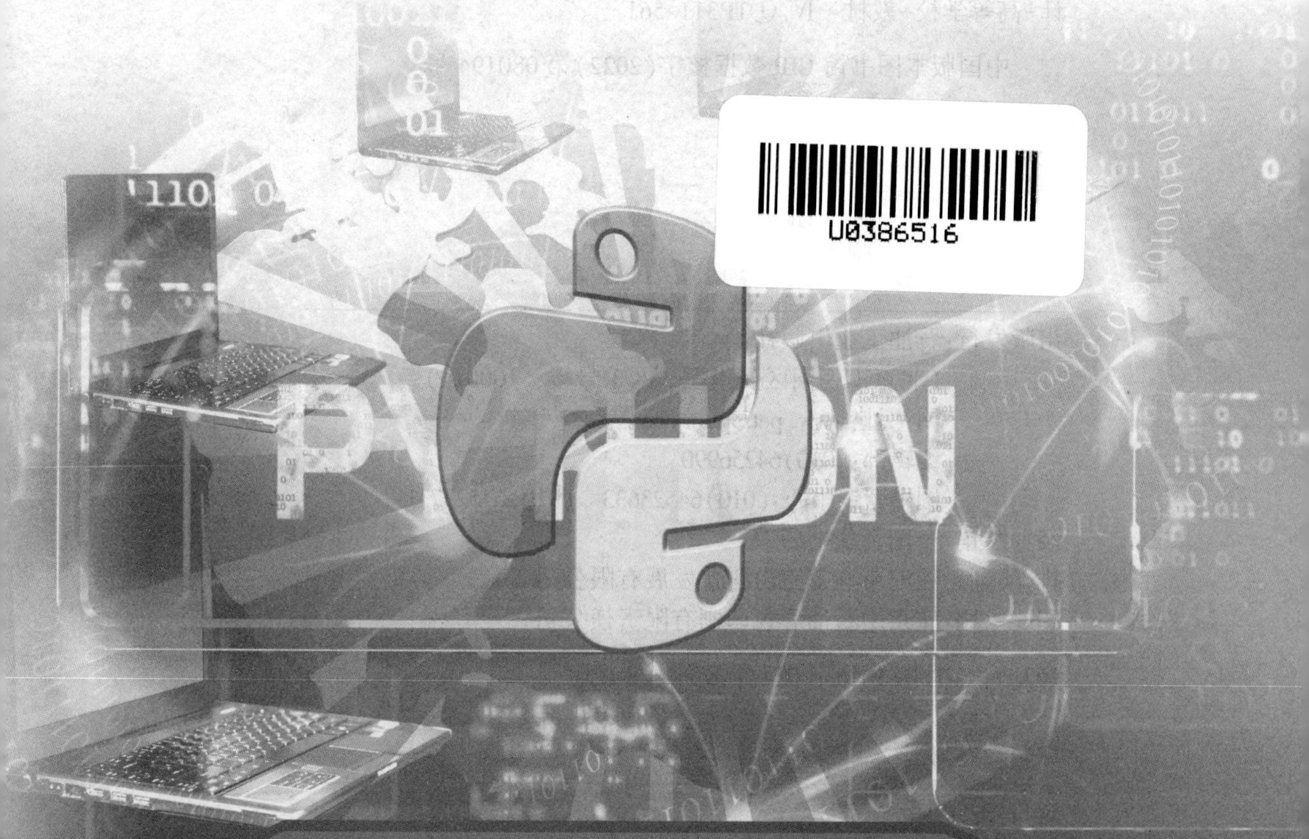

石油工业出版社
Petroleum Industry Press

内 容 提 要

Python语言是当今流行且最具代表性的计算机高级语言之一，因其代码具有描述问题简便、可移植性强、高度结构化和模块化等优点，尤其第三方软件资源丰富，使其广泛应用于应用软件开发。本书与《Python程序设计基础》配套使用，包括课后习题解答、典型例题解析与习题、上机实践和综合练习四个部分。

本书内容丰富、实用性强。书中例题、习题代码均在Python 3.8中运行通过，适合于读者自学。除了与《Python程序设计基础》配套使用外，本书还可作为高等院校各类专业学习Python语言等相关课程的辅助教材，也可供Python语言爱好者参考使用。

图书在版编目(CIP)数据

Python学习辅导与实践/李国和，邓橙，史海涛编著. —北京：石油工业出版社，2022.6（2024.8重印）

高等院校计算机类特色规划教材

ISBN 978-7-5183-5361-3

Ⅰ.①P… Ⅱ.①李… ②邓… ③史… Ⅲ.①软件工具-程序设计-高等学校-教材 Ⅳ.①TP311.561

中国版本图书馆CIP数据核字(2022)第080194号

出版发行：石油工业出版社

（北京市朝阳区安华里2区1号楼 100011）

网 址：www.petropub.com

编辑部：(010)64256990

图书营销中心：(010)64523633 (010)64523731

经 销：全国新华书店

排 版：三河市燕郊三山科普发展有限公司

印 刷：北京中石油彩色印刷有限责任公司

2022年6月第1版 2024年8月第2次印刷

787毫米×1092毫米 开本：1/16 印张：14

字数：375千字

定价：32.00元

（如发现印装质量问题，我社图书营销中心负责调换）

前言

计算机成为信息技术的关键、信息社会的基石,计算机知识和技能也就成为现代社会必备的基本知识和基本技能。目前,学习 Python 语言人员很多,Python 语言的教材也比较丰富,但以“消化巩固知识、提高编程技能”为指导原则的教材并不多见。本书与《Python 程序设计基础》配套,包括四篇:

(1)第一篇是课后习题解答,给出了《Python 程序设计基础》每章习题的详细解答,以消化、巩固 Python 知识为主。

(2)第二篇是典型例题解析与习题,章节安排与教材基本一致。首先对一些典型例题进行详细讲解,其习题类型包括选择题、填空题、读程序写结果、编程题等。在平时学习过程中对所学知识、概念进行复习和基本训练,最后给出部分习题答案。

(3)第三篇是上机实践,以巩固 Python 知识、提高技能为目的,包括实验目的与要求、Python 3.8 集成环境的介绍以及实验指导。其中实验指导包含 Python 语言程序开发环境及上机过程、基本概念、聚合数据、结构化程序设计、模块化程序设计、面向对象程序设计、数据文件等实验。实验内容丰富,能够紧密结合相关的课程内容,对掌握相关知识有很大帮助。

(4)第四篇是综合练习,供学习完本课程后对学习情况做模拟测试,以检测学习效果,同时也可以作为课程考试的模拟试卷。

我们一直从事 Python 语言课程教学工作,根据多年教学经验和教学研究逐步确定教材的内容。本书由李国和负责全书的总体思路、框架和统稿,第一篇由李国和编写,第二、三、四篇由邓橙和史海涛编写。在教材编写过程中,得到中国石油大学(北京)克拉玛依校区教(研)务部、石油学院和中国石油大学(北京)教务处、信息科学与工程学院的大力支持以及两校区“C 语言优秀教学团队”“数据结构与程序综合实践优秀教学团队”大力帮助,还有本校董丹丹、郭爽、李张美智、边玲燕、王雪颖、冷艳梅等老师参与内容优选、编写,在此谨向他们表示衷心感谢。同时,感谢新疆维吾尔自治区教育厅“面向新工科教育的计算机基础教学研究与实践(2017JG094)”、教育部—中锐网络产学合作协同育人“面向新工科教育的计算思维培养教学改革与实践(201801181004)”、北京高等教育学会“面向新工科的计算机基础精品教材建设研究与实践(YB202151)”、新疆维吾尔自治区教育厅“面向新工科教育的一流线下实践课程建设研究与实践(2022)”、中国石油大学(北京)克拉玛依校区“Python程序设计线下一流课程建设与探索(2022)”等教改项目以及克拉玛依市科技计划项目“油气勘探地震相智能识别与解释评价系统(2020CGZH0009)”的支持。

由于计算机技术飞速发展,编著者水平有限,不完善之处甚至缺点错误在所难免,敬请广大读者批评和指正。

编著者

于中国石油大学(北京)

2022 年 4 月

目录

第一篇　课后习题解答

第 1 章　Python 语言与程序设计 …… 3

【习题一解答】 …… 3

第 2 章　Python 语言基础 …… 9

【习题二解答】 …… 9

第 3 章　聚合数据及运算 …… 14

【习题三解答】 …… 14

第 4 章　结构化程序设计 …… 19

【习题四解答】 …… 19

第 5 章　模块化程序设计（一） …… 31

【习题五解答】 …… 31

第 6 章　模块化程序设计（二） …… 43

【习题六解答】 …… 43

第 7 章　面向对象程序设计 …… 47

【习题七解答】 …… 47

第 8 章　数据文件处理 …… 51

【习题八解答】 …… 51

第二篇　典型例题解析与习题

第 1 章　Python 语言与程序设计 …… 59

【典型例题解析】 …… 59

【习题】 …… 61

【习题参考答案】 …… 61

第 2 章　Python 语言基础 …… 64

【典型例题解析】 …… 64

【习题】 …… 67

【习题参考答案】 …… 71
第 3 章　聚合类型数据及运算 …… 73
【典型例题解析】 …… 73
【习题】 …… 79
【习题参考答案】 …… 83
第 4 章　结构化程序设计 …… 86
【典型例题解析】 …… 86
【习题】 …… 92
【习题参考答案】 …… 98
第 5 章　模块化程序设计（一） …… 100
【典型例题解析】 …… 100
【习题】 …… 112
【习题参考答案】 …… 117
第 6 章　模块化程序设计（二） …… 120
【典型例题解析】 …… 120
【习题】 …… 124
【习题参考答案】 …… 129
第 7 章　面向对象程序设计 …… 132
【典型例题解析】 …… 132
【习题】 …… 138
【习题参考答案】 …… 140
第 8 章　数据文件处理 …… 144
【典型例题解析】 …… 144
【习题】 …… 147
【习题参考答案】 …… 152

第三篇　上机实践

第 1 章　Python 集成环境介绍 …… 157
【IDLE 集成环境】 …… 157
【Pycharm 集成环境】 …… 160
第 2 章　实验指导 …… 167
【实验一　Python 语言与程序设计】 …… 167
【实验二　Python 语言基础】 …… 168

【实验三　聚合类型数据及运算】 ………………………… 170
【实验四　结构化程序设计】 ………………………… 173
【实验五　模块化程序设计（一）】 ………………………… 176
【实验六　模块化程序设计（二）】 ………………………… 178
【实验七　面向对象程序设计】 ………………………… 180
【实验八　数据文件处理】 ………………………… 182

第四篇　综合练习

综合练习题 1 ………………………… 187
综合练习题 2 ………………………… 192
综合练习题 3 ………………………… 196
综合练习题 4 ………………………… 201
综合练习题 1 答案 ………………………… 206
综合练习题 2 答案 ………………………… 208
综合练习题 3 答案 ………………………… 210
综合练习题 4 答案 ………………………… 213

参考文献 ………………………… 215

第一篇

课后习题解答

第1章 Python语言与程序设计

【习题一解答】

1. 计算机语言发展经历了哪四个阶段？各有什么特点？

计算机语言经历了机器语言、汇编语言、高级语言，正向更高级语言发展。

机器语言为0、1表示的机器指令，由其编写的程序（即机器语言程序、可执行程序）可读性极差。机器语言紧密关联着计算机硬件，即与计算机硬件密切相关，程序不能在不同硬件计算机上运行，程序可移植性极差。运行机器语言程序，没有配备操作系统，程序开发人员需要参与计算机资源（如内存）分配，对计算机资源及其分配规则需要充分了解，程序开发人员必须先成为计算机硬件专家，也就是程序员既要关注问题求解目标及其实现算法，也要关注计算机资源的分配使用，程序可编程性极差。由于机器语言直接面对、关联着计算机硬件，机器语言程序不含冗余指令，程序可执行效率极高。

汇编语言是符号化的机器语言，也就是机器语言的0、1指令用符号表示，由其实现的程序（即汇编语言程序、源程序）可读性较好。计算机只能运行机器语言程序，因此需要将汇编语言程序（即源程序）翻译为一一对应的机器语言程序。这个翻译过程中，如果由人工完成，该过程称为手工代真，如果由专用程序（即编译程序、编译器）完成，该过程称为编译。汇编指令与机器指令一一对应，除了可读性较好外，其他方面汇编语言与机器语言一样，具有可移植性差、编程性差、执行效率高特点。机器语言、汇编语言统称为计算机低级语言，也称为面向机器语言，适合开发系统软件。

计算机高级语言为类自然语言的符号化语言，由其编写的程序（即高级语言程序、源程序）可读性好。计算机不能直接运行源程序，需要将源程序通过编译器（即编译软件、编译系统）编译为机器语言程序方可运行。只要在不同计算机上安装编译器，同一计算机高级语言程序即可编译为适应不同计算机可执行的机器语言程序，因此，源程序可移植性好。由于计算机资源（如内存）等可在程序中抽象表示（如变量、变量名），由操作系统维护管理计算机资源，程序员无须参与计算机资源分配、管理和维护，而只须关注问题求解目标和实现算法，因此，程序编程性好。高级语言也称为面向问题语言，适合于开发应用软件。由于高级语言程序的一条可执行命令（语句），经过编译后往往需要多条机器指令，甚至包含冗余的机器指令，导致程序执行效率较低。

上述计算机低级语言和高级语言在进行问题求解时，程序设计（即用计算机语言描述问题求解过程)主要涉及求解目标和实现算法。采用更高级语言进行程序设计时,只要用更高级语言描述问题求解目标,而无须描述算法。运行更高级语言程序时,自动生成问题求解算法及其程序,即程序自动生成。这也是程序设计语言发展的目标之一。

2. 根据计算机高级语言的编程风格,计算机高级语言可分为几种? 各有什么特点?

根据计算机高级语言的编程风格,计算机高级语言大体可分为四类:过程型语言(如Fortran、Basic、Pascal等)、逻辑型语言(如Prolog等)、函数型语言(如Lisp等)和面向对象型语言(如Smalltalk、C++、Java等)。

过程型语言程序设计的核心为数据,即常量、变量、表达式以及参数等,其主要过程控制为结构化程序设计,即顺序程序设计、分支程序设计、循环程序设计,主要用于科学计算。Python语言吸收了过程型语言的很多特点,又增加了自己特点,如迭代器、装饰器等。

逻辑型语言程序设计的核心为谓词(包括事实和规则),没有结构化(顺序、分支、循环)机制,唯一控制程序结构只有递归和Cut,内嵌程序运行机制只有自动搜索、匹配、实例化和脱解,主要用于符号处理,是人工智能程序设计语言之一。

函数型语言程序设计的核心为函数定义和函数调用,属于弱数据类型语言,尽管保留无条件转向和条件分支控制程序的走向,但主要还是通过递归调用形式控制程序,其最大特点是通过函数的定义,实现程序的模块化,主要用于符号处理,是人工智能程序设计语言之一。Python语言也吸收了函数型语言的特点,包括解释环境、列表、eval、lambda表达式、is等。

面向对象型语言程序设计的核心为类、对象、方法、继承、消息、多态等,高度模块化和结构化,用于系统集成。在其方法实现上,吸收了过程型语言和函数型语言的特点。Python语言也吸收了面向对象语言的很多特点,但又有些简化,如消息、构造和析构等。

3. 叙述算法的定义、特点及与程序的关系。

算法就是明确问题求解目标后确定问题求解的步骤,具有以下特点:

(1)输入——有零个或多个由外部输入给算法的数据;

(2)输出——有一个或多个由算法输出的数据;

(3)有限性——算法在有限的步骤内应当结束;

(4)确定性——算法中任一条指令清晰、无歧义;

(5)有效性——算法中任一条指令操作有效、无误。

算法可以用伪语言、流程图、N-S图等描述,也可以用计算机语言描述。用计算机语言描述算法的过程就是程序设计。用计算机语言描述算法的结果就是程序。

4. 将函数:

$$y=\begin{cases}2+3x & \text{当 } x\leqslant 0 \text{ 时}\\ \sum_{i=1}^{5}(i^2x+5) & \text{当 } x>0 \text{ 时}\end{cases}$$

分别用自然语言、伪语言、流程图、N-S图、Python语言描述算法。

(1)自然语言描述:

输入变量x

输出变量y

如果变量x小于等于0,那么y的值为2加3x;

否则y的值为i^2x加5的累加,其中i从1到5,共累加5次。

(2)伪语言描述:

```
Input x
```

```
Output y
If x<=0 then y<=2+3x
Else
    y<=0
    For i=1 to 5 step 1
        y<=y+i²x+5
    End For
End If
```

(3)流程图描述：

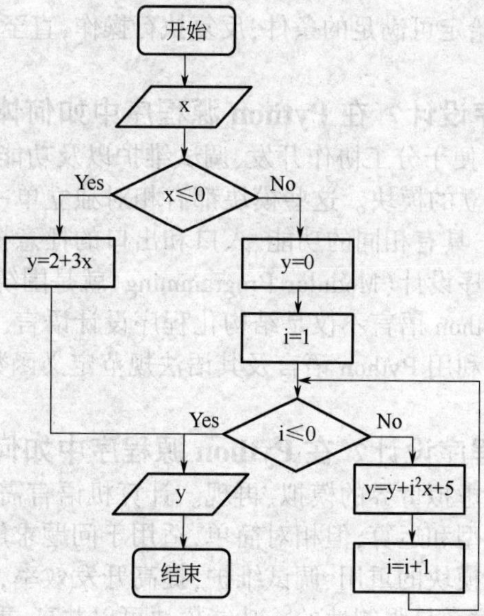

(4)N-S 图描述算法：

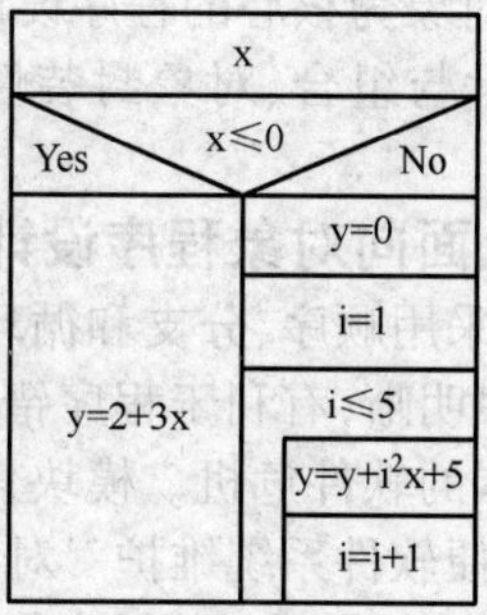

(5)Python 语言描述算法，即 Python 程序设计：

```
x=int(input("输入 x:"))          # 输入数据 x
if x<=0:                          # 判断 x
    y=2+3*x                       # x 小于等于 0 的计算
else:
    y=0
    for i in range(1,5):          # x 大于 0 的计算
```

```
    y+=i*i*x+5
print("y=",y)                    #输出计算结果
```

5. 什么是结构化程序设计？在 Python 源程序中有哪三种基本控制结构？

为了克服软件危机，使程序具有合理、清晰的结构，提高程序的可读性，以便对程序进行可靠性评价，制定一套程序设计方法，用于保证程序的可维护性，这种方法就是结构化程序设计（Structured Programming）。结构化程序设计方法规定程序由三种基本结构构成：

（1）顺序结构——各个操作（如语句）执行按书写顺序从上到下依次执行。

（2）分支结构——根据指定的条件结果为真或假，在两个分支路径中选取其中一条路径执行，另一条路径不执行。通过 if 语句、elif 语句实现分支选择。

（3）循环结构——根据给定可满足的条件，反复执行操作，直至条件不满足终止。通过 for 语句、while 语句实现循环。

6. 什么是模块化程序设计？在 Python 源程序中如何体现模块化特性？

为了使程序（软件系统）便于分工协作开发、调试维护以及功能代码重用、扩充，把一个大程序分成较小且彼此相对独立的模块。这些模块都有相对独立单一的功能，且只有一个入口和最多只有一个出口。显然，具有相同的功能、入口和出口的任意模块相互替换，不影响整个程序和其他模块。模块化程序设计（Modular Programming）就是围绕特定功能程序指令集合及集合间联系的设计方法。Python 语言不仅是结构化程序设计语言，而且是模块化程序设计语言，其模块体现在函数上，即利用 Python 语言及其语法规范定义函数和确定函数调用的过程。定义函数采用 def 语句。

7. 什么是面向对象程序设计？在 Python 源程序中如何体现面向对象特性？

软件系统是客观世界或虚拟世界的模拟、再现。计算机语言需要便捷描述客观世界。尽管过程型语言提供了数据类型和运算，但相对简单，适用于问题求解，难于便捷描述系统。模块化程序设计主要基于功能模块的重用、调试维护，提高开发效率，但是实现功能与处理信息是分离的，而且模块之间的联系是强制性的。功能模块可以共享、重用，但是难于扩展，而且安全性较差。客观世界是对象构成的，对象是信息存储、处理的统一体。对象可以独立或组合或继承生成。对象之间的联系是委托或请求。对象具有更强的封装安全性。面向对象程序设计（Object-Oreinted Programming）是以对象为核心的程序设计。Python 语言是面向对象语言，具有客观世界对象这些特性，即类、继承与组合、对象封装性、多态性。定义类采用 class 语句。由类可定义、创建实例。

8. 采用结构化和模块化以及面向对象程序设计有什么优点？

结构化程序设计实现软件模块，采用顺序、分支和循环三种结构，实现复杂的语句执行流程。结构化程序设计使程序执行顺序明晰，有利于程序错误发现和纠正，提高软件质量、降低维护成本，即有效克服低质量、高成本的软件危机。模块化程序设计实现软件系统的集成，提高模块复用和软件开发效率，并且方便软件系统维护。对象是比模块（函数）化更加抽象的模块，不仅包含方法（函数）还包含数据（变量），表示行为与信息的统一体。面向对象程序设计不仅为了软件系统集成，还强调代码重用与共享、数据与方法安全、规范接口等，更适合于软件系统集成与开发。

9. 叙述软件开发过程。

软件开发过程大体包括三个过程：

（1）问题分析。确定需要求解问题的任务，并采用“自顶向下、逐级细化”的分解方法，进一步把问题（或任务）划分成一系列的子问题（也称子任务）。在后续软件实现上，每一个任务、子任务对应程序的一个功能模块。这个阶段对应 Python 语言模块化程序设计、面向对象

程序设计。

(2)确定算法。对每个任务和子任务的形式化表示,研究一个求解算法,包括确定算法的输入数据(用变量表示)、输出数据(用变量表示)、问题求解过程。这个阶段对应 Python 语言结构化程序设计。

(3)程序实现。在面向对象程序设计、模块化程序设计和结构化程序设计基础上,采用某种计算机语言(如 Python 语言)进行编码,完成程序设计。

10. 叙述 Python 语言上机实践过程。

Python 语言作为计算机高级语言之一,其上机过程如图所示。

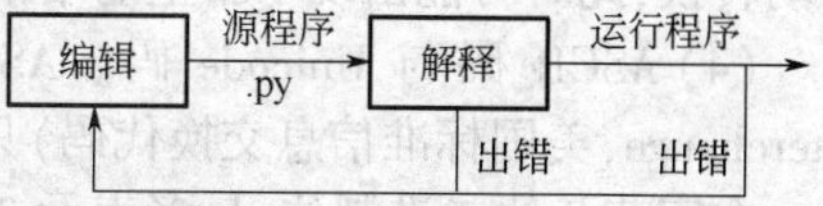

(1)编辑。编辑软件也称为编辑器,如 Windows 记事本、书写器等。用编辑软件编辑程序,并以文本文件形式保存在计算机磁盘中成为源程序文件(也称 ASCII 文件)。Python 源程序文件的扩展名为. py。

(2)运行。Python 解释环境中可运行程序。如果运行程序后达到预期目的,那么 Python 程序的开发工作就完成,否则重复"编辑—运行"过程,直到程序取得预期结果为止。解释没通过或执行结果不正确,需要重新进入编辑修改源代码。

Python shell 或 Pycharm 将"编辑—运行"集成在一个环境,方便开发人员进行 Python 语言软件开发。

11. Python 语言有哪些主要特点?

(1)简单易学易用。(2)多范式编程。(3)强数据类型和动态数据类型。(4)编译型与解释型。(5)可移植性和可扩展性。

12. 学习计算机语言和程序设计对人的思维有什么作用?

随着计算机应用的普及,有关层次结构知识体系的教学内容、教学方法和教学手段等也在不断更新发展。在"计算机软件技术基础"中,主要包含问题描述和问题求解,涉及计算机的数据表示、数据存储、数据操作以及数据处理(算法)。通过计算机高级语言及其程序设计的学习,达到理解、掌握"计算机软件技术基础"的核心内涵。计算思维核心为问题形式化表示、数据结构和算法设计、程序编码实现。Python 语言教学可作为载体,进行具有直观感受的计算思维培养教育。

13. 解释基本概念:解释型语言与编译型语言、动态数据类型与静态数据类型、强数据类型与弱数据类型、ASCII 码与 Unicode 码。

(1)解释型语言与编译型语言。高级语言源程序需要翻译成机器语言程序(即目标程序)才能运行。这种翻译工作由软件系统完成,该软件系统可分为编译器和解释器两种。编译器一次性把源程序翻译成目标程序,并保存成二进制文件。编译器可优化目标程序,编译后,源程序脱离原语言和环境直接运行,执行效率高,即一次编译、可反复运行。解释器将源程序中语句逐条翻译成机器语言程序并逐条执行。程序运行无法脱离源程序、解释器和运行环境,执行效率低,即逐句翻译、逐句执行。对源代码程序的变化,或不同运行环境(硬件、操作系统),编译器需要重新翻译源代码程序。无论什么环境,安装解释器,修改源代码程序可快速部署,不用停机维护就能运行源代码,提高源代码程序的可移植性。Python 既是解释型,也是编译型,但大多采用解释型,提高人机交互性、跨平台性。

(2)动态数据类型与静态数据类型。数据类型是程序中数据(包括常量、变量、表达式)共同特性抽象表示,决定数据运算、数据存储形式、取值范围等。程序中任何一个数据都属于某一数据类型。动态数据类型语言是在程序运行期间才检查变量类型的语言,即在程序中无须"先定义后使用",变量的数据类型由初次赋值的数据所决定,而且程序运行过程中变量再次赋值后变量所属数据类型还可变化，即取决于所赋值的数据类型。Python 是动态数据类型语言，程序设计时无须过度关注变量类型，而关注问题求解过程和业务逻辑。而静态数据类型语言在程序运行期间变量所属数据类型不能改变，即程序中变量需要“先定义后使用”，后续再赋其他数据类型的数据，变量数据类型还是不能改变。

(3)强数据类型与弱数据类型。强制类型定义语言在不同类型数据进行混合运算时，如果不经过强制类型转换，则混合运算将不可进行(即报错)，如 2+"1"就无法运算，但 2+int("1")结果为 3，即将"1"强制转换为整型 1 后再进行“加”运算。Python 是强数据类型语言，数据运算更加安全、效率更高。弱数据类型语言不具有强数据类型转换功能，混合运算时只有数据类型自动转换，此时可能出现不希望的结果，如 2+"1"可能为"21"，也可能 3，或报错。

(4) ASCII 码与 Unicode 码。ASCII 字符编码(American Standard Code for Information Interchange，美国标准信息交换代码)只能表示拉丁字母(现代英语和其他西欧语言)，即 ASCII 码一个字节 8 位二进制位，最多表示 256 个字符。Unicode(统一码、万国码)字符编码通过编码规则(如 UTF-8 编码压缩和优化)，可实现至少 2 字节的字符编码，从而实现对所有自然语言字符的编码，确保 Python 在世界范围所有操作系统平台上使用。

第2章

Python语言基础

【习题二解答】

1. 叙述题。

(1)简述标识符、标识符的作用。

Python 语言定义了大写字母、小写字母、数字字符和下划线字符为 Unicode 字符集,用于定义标识符。标识符为以字母或下划线开头的若干字母、数字、下划线构成符号串,用于标识(即命名)变量、符号常量、数组、函数、类等。

(2)简述数据、常量、变量、表达式、运算对象、对象的概念。

客观世界中客观事物可以抽象为信息世界(即人脑中)的信息。这些信息可以借助媒介(如计算机)进行表示和记录,即事物⇔信息⇔记录,这些记录就是数据。简单说,数据是信息的载体,信息可从数据中抽取。同一信息(如成绩)可以有多种数据表示(如百分制、等级制),同一数据(如整数)可以表示多种信息(如价格、成绩)。从数据中进行信息抽取必须依赖于客观世界。

常量为不可改变的数,分为常数和符号常量,其中符号常量是用标识符标识(命名)的常量,如 True、False、None。

变量为可变的数,变量必须通过命名(即变量名)才可对其进行访问(操作),包括取值和赋值。变量引用的数据在内存数据区中。受变量对应数据单元大小和编码的限制,变量取值是有上下限和精度的,这不同于数学中的变量。

表达式是由常量、变量和运算符(操作符)构成的符合 Python 语言语法规范的式子,表示通过运算符对常量、变量的加工处理及其结果。

运算对象(也称运算数、操作数)是可参加运算的数据,包括常量、变量和表达式。

对象是变量成员和成员函数的统一体,当变量成员有具体值时,该对象称为实例。由于 Python 解释环境是基于面向对象构建的,该环境中常量、变量也是对象(实例),包括由用户自定义类派生生成的对象。

(3)简述数据类型、整型、浮点型、逻辑型、复数型、空类型的概念。

数据类型是具有相同特性的数据集合或称抽象表示,即属于同一数据类型的数据具有相同特性。数据类型规定了一类数据特性。数据类型分为基本数据类型和构造数据类型。基本数据类型又可分为基本简单数据类型(即整型、浮点型、逻辑型、复数型)和基本聚合数据类型

(即字符串、列表、元组、集合、字典)。构造数据类型也称为自定义数据类型,即类数据类型。

整型 int 规定了整数特性,各种整型数据在内存中按补码形式表示和存储。常整数可用十进制、二进制(0b 或 0B 开头)、八进制(0o 或 0O 开头)和十六进制(0x 或 0X 开头)表示。

浮点型 float 规定了实数特性。各种浮点型数据在内存中采用尾数、指数编码表示和存储。常浮点数可采用日常记数和指数记数(e、E 表示 10 的指数)表示。

逻辑型 bool 只有两个值 True 和 False,分别表示逻辑真和逻辑假,其参加算术运算、关系运算时,以 1 和 0 参加运算。

复数型 complex 表示复数,每个复数包括实部和虚部。虚部由数值后 j 或 J 表示。

空类型 NoneType 只有值 None。从数学角度看,任何函数都有返回值。为了规范 Python 函数,使其与数学的函数形式一致,即使 Python 函数没有返回值(如 print 只是实现数据的显示)也需要返回 None(空值)。

(4)运算、运算符。

运算也称为操作,是指对运算数进行真实的加工处理。运算符是表示运算的标识符。运算和运算符如同变量和变量名、函数和函数名的关系。

(5)简述函数、程序构成。

Python 语言的函数是模块化程序设计中完成特定功能的具体体现。Python 语言函数的形式与数学函数的形式相同,都有返回值,即使有函数无须返回值,也要返回 None。Python 语言程序可采用结构化、模块化、面向对象程序设计,或者三种程序设计的组合。Python 语言结构化程序设计体现在顺序、分支、循环设计上,完成问题求解。Python 语言模块化程序设计体现在函数定义和调用上,通过函数调用组合构建更大软件功能。Python 语言面向对象程序设计体现在类定义和对象创建、访问上,通过类的继承、组合共享重用代码、规范使用代码接口等,完成软件的集成。此外,Python 程序还经常用到第三方提供的标准库(包)等,需要导入标准库调用各种函数等。

(6)简述变量属性。

变量是内存数据单元在程序中引用,即 1 个变量对应内存 1 个数据单元。从内存数据单元角度,要求变量具有以下属性:数据类型(即数据精度、取值范围、数据单元大小)、生存期(即动态、静态)和存储类别(即在程序中的有效范围)。

(7)简述软件包导入过程。

Python 开放开源特性可接受第三方软件包,称为 Python 的资源库。软件包符合 Python 标准规范,包含功能强大的函数、类等。Python 程序中通过导入语句 import 导入软件包后,可在程序中使用软件包中的各种资源,提高软件开发效率、质量等。

2. 学习运算符时,需要掌握运算符的什么要点?

运算符是运算功能的表示,它与运算数构成符合语法规则的表达式。对运算符需要掌握运算符关键字、运算数类型、运算数个数、运算优先级和结合性(从左到右或从右到左的运算顺序)。

3. 按照优先级从高到低的顺序,总结本章所学到的运算符。

算术运算、关系(即比较)运算和逻辑运算以及按位运算的运算符优先级基本上与数学的运算符一致,算术运算符优先级大于关系运算符,关系运算符优先级大于逻辑运算符,即算术运算后得到数值才能比较,比较得到"真""假"逻辑数据才能进行逻辑运算。圆括号优先级最高。按位运算符优先级高于关系运算符,而低于算术运算符。对于同一类运算符优先级基本上与数学中运算符基本一致。

4. 关系运算需要注意什么?

关系运算的运算对象只能是整型、浮点型、逻辑型、字符串型数据。逻辑型数据 True、

False 分别以 1、0 参加比较运算。

5. 逻辑运算需要注意什么？

逻辑运算包括非、与、或的运算，其运算符分别为 not、and、or。逻辑运算需要分情况：运算对象为逻辑值时，运算结果为逻辑值；运算对象为数值（变量、常量、表达式）时，运算结果为数值（如 1 and 1+3，结果为 4），逻辑含义为非 0 为真、0 为假。运算对象为数值和逻辑值混合逻辑运算时，运算结果为逻辑值或数值（这取决于逻辑运算过程的逻辑“真、假”，如 True and 1+2 结果为 3，而 False and 1+2 结果为 False）。参加运算时，非 0 为“真”、0 为“假”的逻辑含义参加运算。对于聚合数据类型的数据参加逻辑运算时，与数值参加运算雷同，空列表、空元组、空集合、空字典为“假”，其他为“真”的逻辑含义。None 也为“假”。

6. 函数有什么作用？从函数来源看，有几种函数？它们有哪些特点？

相比运算符，函数表示功能较为强大的操作处理。从函数来源看，主要有 Python 环境中内置的函数（内置函数）、由 import 导入软件包后软件包所拥有的函数（导入函数）、Python 环境对象的函数（成员函数）以及用户自定义的函数（自定义函数）。

7. 表达式和语句有什么不同？

表达式是由运算数和运算符构成符合 Python 语言语法规范的式子，表示对运算数加工和处理，具有所示数据类型和值，可成为运算数。语句是 Python 语言执行单位，完成问题求解过程，以分号（;）或回车换行符为语句分隔符。一行可以一句，一行可以多句（需要分号分割语句），一句可以多行（需要续行符\）。表达式语句是表达式后加分号或回车换行构成，这样才能完成启动运算符表示的运算功能。简单说，表达式是功能表示，语句是功能实现。

8. Python 语句是什么形式？可分几类语句？

语句是 Python 语言执行单位，完成问题求解过程，以分号（;）或回车换行符为语句分隔符。一行可以一句，一行可以多句（需要分号分割语句），一句可以多行（需要续行符\）。Python 语句可分为：赋值语句、表达式语句、函数调用语句、控制语句、复合语句和空语句。

9. Python 语言程序设计中首次赋值的作用是什么？

Python 语言是强数据类型语言，程序中变量对应数据存储单元。Python 语言首次对变量赋值，可以定义变量，开辟或共享某一数据单元。当开辟数据单元时具有初始化作用，变量名即可引用该数据单元，访问数据。

10. 判断下面标识符的合法性（合法画√，非法画×）。

a. b ×	Data_base √	arr( ) ×	x-y ×	_1_a √	$ dollar ×	_Max √
fun(x) ×	3abc ×	__ √	No: ×	(Y/N)? ×	J. Smith ×	a[1] ×
Yes/No ×	ox123 ×	0x123 √	x=y ×	a+b-2 ×	_1_2_3 √	嗨嗨 √

11. 判断下面常量合法性（合法画√，非法画×）。

'Abc' √	2^4 ×	-0x123 √	10e ×	077 ×	088 ×	\'n' ×	"A" √
+2. 0 √	0xab √	10e-2 √	0xef ×	\'111' ×	"x/y" √	π ×	'\ff' √
35c ×	'?' √	e3 ×	-085 ×	xff ×	'\aaa' √	10:50 ×	"#" √
3. √	-85 √	ff ×	'\xab' √	"10:50" √	'\\' √	"\\" √	'\t' √

12. a=5;a and a+1 or a/2%2 的值为 __6__，a 值为 __5__。

13. 执行 x=10;y=z=x;x=y==z 后，变量 x、y、z 的值为 __True__、__10__、__10__。

14. 整数 10 和−10 存储形式是什么？以两个字节为例。

进制	10	−10
二进制	0000 0000　0000 1010	1111 1111　1111 0110
八进制	12	177766
十六进制	a	fff6

15. 基本简单数据类型包括哪些？其关键字是什么？

基本简单数据类型及其关键字包括整型 int、浮点型 float、复数型 complex、逻辑型 bool、空类型 NoneType。

16. 以下运算符中优先级最低的运算符为 D ，优先级最高的为 B 。

A. and　B. not　C. != 　D. or　E. >= 　F. ==

17. 若 w=1;x=2;y=3,则 w+1 and x−2 and y+1 的值为 D ,w+1 or x−2 or y+1 的值为 B 。

A. 3　B. 2　C. 1　D. 0　E. True　F. False

18. 根据题意写出表达式。

(1) 设 n 是一个正整数,写出判断 n 是偶数的表达式为 n%2==0 。

(2) 设 a、b 是实数,写出判断 a、b 同号的表达式为 a * b>=0 。

(3) 设 a、b、c 是一个三角形的三边,分别写出判断直角三角形、等边三角形和等腰三角形的条件为 a * a==b * b+c * c ‖ b * b==a * a+c * c ‖ c * c==b * b+a * a(直角三角形) a==b==c(等边三角形);a==b ‖ a==c ‖ b==c(等腰三角形)。

19. 求表达式的值。

```
a=10;b=2;c=5.8
(1)a-100 * b%int(c)          # 10
   a>+b+-a+-c                # True
   b%a+int(c)                # 7
(2)a>b-4 * c!=5              # True
   c<=a%2>=0                 # False
(3)a and b or c-6            # 2
   c-6 and a+b               # 12
   not c+a and b             # False
```

20. 写出程序运行输出结果。

```
(1)x=2;y=0
   x * =3+2
   print("%d"%x)                   # 10
   x * =y
   print("%d"%x)                   # 0
(2)x=3.6;i=int(x)
   print("x=%f,i=%d"%(x,i))        # x=3.600000,i=3
(3)a=2;a=4-1
   print("%d,"%a)                  # 3
```

```
    a*=3;a-=a;a*=a;a+=a
    print("%d"%a)                          #     0
(4)x=0x21;y=0b101
    print("x=%d,y=%d"%(x,y))               # x=33,y=5
(5)x,y=1,1;  z=x-1
    print("%d,%d\n"%(x,z))                 #    1,0
    z+=y
    print("%d,%d\n"%(y,z))                 #    1,1
```

第3章

聚合数据及运算

【习题三解答】

1. 基本概念解释:数据结构(数据、数据元素、数据项)、线性表和散列表、线性表与散列表的主要操作、顺序存储、链式存储、散列存储。

数据是计算机处理符号的统称。数据元素是数据基本单位,如记录。数据项是构成数据元素的最小单位,如字段。数据结构是研究数据元素及其联系的学科。数据结构包括逻辑结构和存储(物理)结构。线性表、散列表是两种逻辑结构。线性表具有有序性、不唯一性,散列表具有无序性、唯一性。它们主要操作增加、删除、更新、查找等。线性表是字符串、列表、元组的数据模型,而散列表是集合、字典的数据模型。线性表可采用顺序存储或链式存储。顺序存储的每个数据单元是相邻的、连续的,数据单元的顺序与线性表元素顺序一致。链式存储的数据单元不是连续的,但相互之间具有关联性,使得数据单元具有与线性表元素的顺序性一致。散列存储的每个数据单元是无序的,只能通过键才可以定位到相应数据单元。

2. Python 语言的字符采用什么编码?有什么优点?

Python 语言采用 Unicode 编码(包括 UTF-8、UTF-16、UTF-32 等),其字符集可表示所有国家的字符,如拉丁文字符、西文字符(ASCII 字符),甚至中文汉字。编码不同,即使用一个字符,其编码所占的字节数也不同。在使用过程中需要了解当前的编码规则。

3. 字符串是怎样的构成形式?字符串与存储的字节串长度一样吗?为什么?

字符串的数据模型是线性表,其元素为字符。字符串的形式有三种:单引号、双引号、三引号。字符串长度为字符个数。Unicode 编码时,一个字符往往有多个字节表示,因此,字符串的长度往往不同于其存储的字节串长度。由于 Unicode 编码规则不同,同一个字符对应的字节数表示也不同,因此其对应的字节数也不同,也就是一个字符有多种形式的字节编码,因此,存储的字节码长度也会不同。

4. 对于字符串,主要有哪些运算符、内置函数、成员函数和语句实现对其的操作?

字符串内置运算符主要有:+(字符串拼接)、*(字符串倍数重复)、in(字符在字符串中判断)、[ ](下标运算、切片运算)、按字典顺序的关系运算。字符串内置函数主要有:len(字符串长度)、ord(字符的编码值)、chr(编码值的字符)、str(数值转为字符串)、repr(数值转为字符串、字符串转为字符串的字符串)、eval(再次求值)。字符串是运算对象,其具有成员函数,主要有:replace(子串替换)、find/index(定位字符子串)、count(统计字符子串)、join(字符串拼接)、split(分割字符串)、strip(去掉首尾空白)等。注意==、!=与 is、is not 不同,前者是比较字符串字面值,后者是比较字符串对象(包括字面值、存储结构)。del 语句删除字符串变量。

5. 什么是字符串格式化?

字符串格式化是一种根据字符串模板和数据生成字符串的手段,其基本形式有两种:

≪模板字符串≫. format(⌊≪运算对象 0≫⌊,≪运算对象 1≫⌋^{n}⌋)
≪模板字符串≫. format(⌊≪运算对象关键字 0=运算对象 0≫
⌊,≪运算对象关键字 1=运算对象 1≫⌋^{n}⌋)

其中,"模板字符串"由将被"运算对象"替换的格式符和一些对齐形式、占列数等构成,最终形成特定格式的字符串。

6. 列表是怎样构成的?

列表的数据模型是一种有所约定的线性表,其元素可以是任何类型的数据,列表形式如下:

[⌊≪运算对象 1≫⌊,≪运算对象 2≫⌋^{n}⌋]

7. 对于列表,主要有哪些运算符、内置函数、成员函数和语句实现对其的操作?

下标运算和切片运算可确定列表元素,获取元素值或子表,也可根据位置对齐进行赋值,实现列表元素的更新,包括插入新元素。此外,对列表的操作运算还有内置运算符、内置函数和列表对象的成员函数。内置运算符包括+(拼接列表)、比较运算(列表字面值逐一比较)、*(倍数重复列表)、in(判断元素)、[](下标运算或切片运算)、for-in(迭代推导)。内置函数主要有 list(构造列表)、sorted(排序列表)、reversed(倒序列表)、len(列表长度)、map(过程作用于列表)、zip(列表元素序号相同的构成元组),这些操作列表的副本,并生成新列表,原列表没有变化。列表成员函数主要有 clear(清空列表),remove、pop 和 popitem(删除列表元素),append、insert 和 extend(增加例元素),index(列表定位),sort(列表排序),reverse(列表倒序),copy(拷贝字面值列表),count(统计指定元素个数)。由于成员函数的主体是列表,有关对列表元素的增加、删除、修改是直接对列表进行的,没有新副本生成。实际上,列表的存储结构是带头节点的链表。语句 del(删除列表元素或切片)可更新列表。

8. 对 4×4 二维矩阵

$$\text{转置前:}\begin{pmatrix}1&2&3&4\\5&6&7&8\\9&10&11&12\\13&14&15&16\end{pmatrix}\qquad\text{转置后:}\begin{pmatrix}1&5&9&13\\2&6&10&14\\3&7&11&15\\4&8&12&16\end{pmatrix}$$

进行以下处理:

(1)采用列表表示矩阵,并实现转置。

```
arr=[[1,2,3,4],[5,6,7,8],[9,10,11,12],[13,14,15,16]]
print("原始矩阵:")                    # 原始矩阵
for row in arr:print(row)            # 输出每一行
t_arr=zip(*arr)                      # 矩阵转置,可迭代对象
t_arr=map(list,t_arr)                # 元组转为列表
t_arr=list(t_arr)                    # 形成列表
print("转置矩阵:")                    # 转置矩阵
```

```
for row in t_arr:print(row)            # 输出每一行
```

(2)求矩阵中最大元素值。

```
arr=[[1,2,3,4],[5,6,7,8],[9,10,11,12],[13,14,15,16]]
print("原始矩阵:")                      # 原始矩阵
for row in arr:print(row)              # 输出每一行
max_arr_i=map(max,arr)                 # 每行最大值的列表迭代器
max_arr=list(max_arr_i)                # 每行最大值的列表
print("Max_arr=",max_arr)
max_val=max(max_arr)                   # 列表中最大值
print("Max_value=",max_val)
```

(3)求矩阵中每一行、每一列之和及所有元素之和。

```
arr=[[1,2,3,4],[5,6,7,8],[9,10,11,12],[13,14,15,16]]
print("矩阵:")                          # 矩阵
for row in arr:print(row)              # 输出每一行
sum_i=map(sum,arr)                     # 每行(列表)之和构成列表迭代器
sum_i=list(sum_i)                      # 每行之和列表
print("每行之和:",sum_i)
sum_i=sum(sum_i)                       # 每行之和的和
print("总和:",sum_i)
t_arr=zip(*arr)                        # 矩阵转置,可迭代对象
sum_j=map(sum,t_arr)                   # 每一列求和
sum_j=list(sum_j)
```

9. 设计名片信息登记表。名片信息包括单位、姓名、头衔、联系方式、地址。采用列表实现名片信息登记。

```
card_table=[["华为(北京)学院路街道分公司","联想(北京)学院路街道销售公司"],
        "张华联",["总经理","销售总监"],
        [[13601112222,13602221111],["1111.qq.com","zhang111222333"]],
        ["北京海淀学院路20号111邮箱"]]
```

可以有多个单位、头衔、电话、联系方式、地址,采用列表嵌套。有列表元素的顺序表示单位、姓名、头衔、联系方式、地址。

10. 元组是怎样构成的?

元组的数据模型是一种有所约定的线性表,其元素可以任何类型的数据,元组形式如下:

(⌊≪运算对象1≫⌊,≪运算对象2≫⌋ⁿ⌋)

11. 对于元组,主要有哪些运算符、内置函数、成员函数和语句实现对其的操作?

内置运算符包括+(拼接元组)、比较运算(元组字面值逐一比较)、*(倍数重复元组)、in(判断元素在元组中)、[](下标运算、切片运算)、for-in(迭代推导)。内置函数主要有tuple(构造元组)、sorted(排序元组)、reversed(倒序元组)、len(元组长度)、map(过程作用于元组)、zip(元组元素序号相同的构成元组),这些操作元组的副本,生成新元组,原元组没有变化。元组成员函数有index(元组定位)、count(统计指定元素个数)。del语句删除元组变量。

12. 元组操作与列表操作为何少了一些操作?

元组和列表的数据模型都是线性表,可采用下标方式进行访问元素。元组是不可变的,列表是可变的。列表的运算操作针对列表增加、修改,这些操作是元组所没有的。

13. 采用元组实现第 8 题的功能。

(1)采用列表表示矩阵,并实现转置。

```
arr=((1,2,3,4),(5,6,7,8),(9,10,11,12),(13,14,15,16))
print("原始矩阵:")                          # 原始矩阵
for row in arr:print(row)                   # 输出每一行
t_arr=zip(*arr)                             # 矩阵转置,可迭代对象
print("转置矩阵:")                          # 转置矩阵
for row in t_arr:print(row)                 # 输出每一行
```

(2)矩阵中最大元素值。

```
arr=((1,2,3,4),(5,6,7,8),(9,10,11,12),(13,14,15,16))
print("原始矩阵:")                          # 原始矩阵
for row in arr:print(row)                   # 输出每一行
max_arr_i=map(max,arr)                      # 每行最大值的元组迭代器
max_arr=tuple(max_arr_i)                    # 每行最大值的元组
print("Max_arr=",max_arr)
max_val=max(max_arr)                        # 元组中最大值
print("Max_value=",max_val)
```

(3)矩阵中每一行、每一列之和及所有元素之和。

```
arr=((1,2,3,4),(5,6,7,8),(9,10,11,12),(13,14,15,16))
print("矩阵:")                              # 矩阵
for row in arr:print(row)
sum_i=map(sum,arr)                          # 每行(列表)之和构成元组迭代器
sum_i=tuple(sum_i)                          # 每行之和元组
print("每行之和:",sum_i)
sum_i=sum(sum_i)                            # 每行之和的和
print("总和:",sum_i)
t_arr=zip(*arr)                             # 矩阵转置,可迭代对象
sum_j=map(sum,t_arr)                        # 每一列求和
print("每列之和:",sum_j)
sum_j=sum(sum_j)                            # 每列之和的和
print("总和:",sum_j)
```

14. 集合是怎样构成的?

集合的数据模型是一种散列表(或哈希表),集合形式如下:

空集 set(),1 个元素集合{《运算对象》,},多元素集合{《运算对象 1》,《运算对象 2》[,《运算对象 3》]^n}

15. 对于集合,主要有哪些运算符、内置函数、成员函数和语句实现对其的操作?

内置函数主要有 set(迭代生成集合)。成员函数主要有 union、intersection、difference、symmetric_difference(集合运算),add、update、intersection_update、difference_update、symmetric_difference_update(字典元素增加与更新),copy(字典拷贝),clear、remove、discard、pop(集合元

素删除),issubset、issupperset、isdisjoint(集合关系判断)。del 语句删除集合变量。

16. 集合操作为何与元组操作、列表操作有些不一样?

集合的数据模型是散列表,具有无序性、唯一性,用关键字(元素)索引(定位),而元组、列表的数据模型是线性表,具有有序性、不唯一性,用下表索引(定位)。这种性质导致集合的一些操作不同于元组和列表,还有集合的运算还要满足数学上的概念。

17. 字典是怎样的构成形式?

字典的数据模型是一种散列表(哈希表),字典形式如下:

{⌊≪键 1≫:≪运算对象 1≫⌊,≪键 2≫:≪运算对象 2≫⌋ⁿ⌋}

18. 对于字典,主要有哪些运算符、内置函数、成员函数和语句实现对其的操作?

内置函数主要有 update、setdefault(字典元素更新与增加),copy、fromkeys(字典拷贝与形成),clear、pop、popitem(集合元素删除),keys、values、items(获取键集、值集、键-值对集)。del 语句删除字典元素、字典。

19. 字典操作与集合操作主要有哪些不一样?

集合和字典的数据模型是散列表,具有无序性、唯一性,用关键字索引(定位)。字典的元素是"关键字:运算对象","关键字"唯一、不重复,但"运算对象"可以重复、不唯一。字典有些针对键、值的操作,而集合没有。集合中有关集合运算的字典中没有。

20. 采用字典实现第 9 题的功能。

card_table={"单位":["华为(北京)学院路街道分公司","联想(北京)学院路街道销售公司"],"姓名":"张华联","职位":["总经理","销售总监"],"联系方式":{"电话":[13601112222,13602221111],"微信、QQ":["1111. qq. com","zhang111222333"]},"通信地址":["北京海淀学院路 20 号 111 邮箱"]}

第4章 结构化程序设计

【习题四解答】

1. 顺序程序设计

(1)将华氏温度转换为摄氏温度和热力学温度,其转换关系为:

$$c=\frac{5}{9}(f-32) \quad \text{(摄氏温度)}$$

$$k=273.15+c \quad \text{(热力学温度)}$$

```
f=float(input("输入华氏温度:"))                          # 输入
c=5/9*(f-32)                                              # 计算
k=273.15+c
print("摄氏温度 c=%.2f\n 热力学温度 k=%.2f\n"%(c,k))     # 输出
```

(2)把极坐标(r,θ)(θ单位为度)转换为直角坐标(x,y),其转换关系为:

$$x=r*\cos\theta$$

$$y=r*\sin\theta$$

```
from math import sin,cos,pi                               # 导入数学函数和常量
r=float(input("半径:"))                                   # 输入
t=float(input("角度:"))
x=r*sin(t*pi/180)                                         # 度转换为弧度
y=r*cos(t*pi/180)
print("极坐标(%.2f,%.2f)"%(r,t),end="")                  # 输出
print(",直角坐标(%.2f,%.2f)"%(x,y))
```

注意:三角函数的参数单位是弧度。

(3)求任意多个实数的平均值、平方和、平方和开方。

```
from math import sqrt                                     # 导入数学函数
dataset=input("输入数值(分号分开):")                      # 输入
dataset=dataset.split(";")                                # 分割每个数,形成数值字符串列表
dataset=tuple(map(float,dataset))                         # 转换为形成浮点数,构成数据元组
```

```
s=sum(dataset)/len(dataset)                               # 求和、平均
p=[x*x for x in dataset]                                  # 利用列表推导式形成平方数据集
p=sum(p)                                                  # 平方和累加
k=sqrt(p)                                                 # 开平方
print("数据集:",dataset)                                   # 输出
print("平均值:",s,"\n 平方和:",p,"\n 平方和开方:",k)
```

注意:map 形成可迭代对象,tuple 为迭代工具,启动迭代过程形成数据集。

(4)身体指数(即体指):体指=体重/身高^2,其中体重、身高单位为千克、米。输入身高、体重,输出身体指数。

```
dataset=input("输入身高、体重(逗号分开):")                  # 输入
dataset=dataset.split(",")                                # 分割每个数,形成数值字符串列表
(h,w)=tuple(map(float,dataset))                           # 转换为形成浮点数,构成数据元组
tz=w/(h*h)                                                # 计算
print("身高:",h,"体重:",w,"体指:%.2f"%tz)                  # 输出
```

注意:map 形成可迭代对象,tuple 为迭代工具,启动迭代过程形成数据集。利用元组一一对应关系,给 h、w 赋值。

2. 分支程序设计

(1)程序实现如下函数,输入 x,输出 y。

$$y=\begin{cases}\dfrac{\sin(x)+\cos(x)}{2} & (x\geqslant 0)\\[2ex] \dfrac{\sin(x)-\cos(x)}{2} & (x<0)\end{cases}$$

```
from math import *                                        # 导入数学库
x=float(input("输入数据(度)x="))                           # 输入数据
x=x*pi/180                                                # 换算为弧度
y=sin(x)                                                  # 计算
if x>=0:                                                  # 判断
    y+=cos(x)                                             # 分支执行
else:
    y-=cos(x)                                             # 分支执行
y/=2
print("f(%.2f)=%.2f"%(x,y))                               # 输出
```

注意:程序中 if 语句可改为:

```
y+=cos(x) if x>=0 else-cos(x)                             # 判断,分支执行
```

三角函数的参数单位是弧度。

(2)字符判断、转换输出:小写字母变为大写输出;大写字母变小写输出;数字字符不变输出;其他字符,输出“other”。

```
ch=input("输入字符:")                                      # 输入数据
print("原字符:%c"%ch,end=",")
if "a"<=ch<="z":                                          # 判断范围
    ch=chr(ord(ch)-32)                                    # 字符转数码,数码转字符
elif "A"<=ch<="Z":                                        # 判断范围
```

```
    ch=chr(ord(ch)+32)                                    # 字符转数码,数码转字符
elif not("0"<=ch<="9"):                                   # 判断范围
    ch="other"
print("变换后字符:%s"%ch)                                  # 输出
```

注意:字符与编码不同,不可混合运算,因此需要进行两者之间的换算处理,ord 函数得到字符的编码值,而 chr 函数得到编码值的字符。大写字符编码比小写字符编码小 32。

(3)输入三角形的三条边长 a、b、c,判断是什么三角形(等边三角形、等腰三角形、一般三角形、不能构成三角形)。如果三条边构成三角形,计算并输出三角形面积(s=(a+b+c)/2,area=sqrt((s-a)*(s-b)*(s-c)))。

```
import math                                               # 数学库
edges=input("输入三条边(逗号隔开):")                        # 输入数据
edges=edges.split(",")                                    # 分割每个数,形成数值字符串列表
[a,b,c]=list(map(float,edges))                            # 列表赋值,获取三条边
print("边长:%.2f,%.2f,%.2f,"%(a,b,c),end="")               # 输出边长
if a+b>c and a+c>b and b+c>a:                             # 判断是三角形吗
    s=(a+b+c)/2                                           # 计算面积
    area=math.sqrt((s-a)*(s-b)*(s-c))
    if a==b==c:                                           # 判断三角形形态
        print("等边三角形",end="")
    elif a==b or a==c or b==c:
        print("等腰三角形",end="")
    else:
        print("一般三角形",end="")
    print(",面积:%.2f。"%area)                             # 输出面积
else:
    print("不能构成三角形。")                               # 输出形态信息
```

注意:map 形成可迭代对象,list 为迭代工具,启动迭代过程形成数据集。利用列表一一对应关系,给 a、b、c 赋值。

(4)出租车计价:起步价 8 元 3 公里,3 公里以后每公里 1.8 元,并且不足 0.5 公里按 0.9 元计价,大于 0.5 公里不足 1 公里按 1.8 元计价。输入里程,输出打车价钱。

```
price=8                                                   # 3 公里内计价
distance=float(input("输入里程:"))                         # 输入里程
left=int(distance)                                        # 左端点
right=int(distance+0.5)                                   # 右端点
if distance>3:                                            # 大于 3 公里
    if left==right:                                       # 不足 0.5 公里
        price+=(left-3)*1.8+0.9                           # 按 0.5 公里计价
    else:
        price+=(right-3)*1.8                              # 按 1 公里计价
print("里程=%.1f,价格=%.1f"%(distance,price))              # 输出
```

注意:int 取整时没有四舍五入。价格计算也可改为 price+=(left-3)*1.8+0.9 if left==right else(right-3)*1.8。

3. 循环程序设计

(1)求两个整数的最大公约数和最小公倍数。

```
p=1                                                  # 最大公约数
m=int(input("m="))                                   # 输入两个正整数
n=int(input("n="))
t=2                                                  # 公约数
while t<=m and t<=n:
    if m%t==0 and n%t==0:p=t                         # 公约数更新
    t+=1                                             # 公约数的变化
print("%d 和%d 的最大公约数=%d\n"%(m,n,p))          # 输出
print("%d 和%d 的最小公倍数=%d\n"%(m,n,m*n/p))
```

也可改为：

```
a=int(input("a="))                                   # 输入两个正整数
b=int(input("b="))
(m,n)=(b,a)if a<b else(a,b)                          # m 大,n 小
t=m%n
while t:                                             # 循环条件
  m=n;n=t;t=m%n
print("%d 和%d 的最大公约数=%d\n"%(a,b,n))          # 输出
print("%d 和%d 的最小公倍数=%d\n"%(a,b,a*b/n))
```

注意：循环次数未知，采用 while。

(2)水仙花数是指一个三位数，其各位数字的立方之和等于该数本身，如水仙花数 $153=1^3+5^3+3^3$。求所有水仙花数。

```
for a in range(1,10):                                # 百位数字
    for b in range(10):                              # 十位数字
        for c in range(10):                          # 个位数字
            d=a*100+b*10+c
            if d==a*a*a+b*b*b+c*c*c:                 # 满足条件
                print("%d=%d^3+%d^3+%d^3"%(d,a,b,c)) # 输出
```

注意：三重循环分别对应百位、十位、个位数字，组合成三位数。

```
for d in range(100,1000):
    a=d//100                                         # 百位数字
    b=d//10%10                                       # 十位数字
    c=d%10                                           # 个位数字
    if d==a*a*a+b*b*b+c*c*c:                         # 满足条件
        print("%d=%d^3+%d^3+%d^3"%(d,a,b,c))         # 输出
```

注意：一个循环将三位数拆分为百位、十位、个位数字。

(3)求和 $s_n=\frac{1}{1}+\frac{1}{1+2}+\frac{1}{1+2+3}+\cdots+\frac{1}{1+2+3+\cdots+n}$。输入 n，输出 s_n 以及公式。

```
fm=1                                                 # 分母
sn=1                                                 # 累加
n=int(input("输入项数:"))                            # 输入项数
for i in range(2,n+1):                               # 1~n 项
    fm+=i                                            # 分母累加
    sn+=1/fm                                         # 分数
```

```
print("sum(%d)= %f"%(n,sn))                                # 输出
```

注意:程序完成求和,但无法显示公式。在循环中,利用了分母的变化与分数变化具有相同规律,也就是分数在累加、分母也在累加的特性。

```
sn=1                                                       # 累加
n=int(input("输入项数:"))                                   # 输入项数
print("sum(%d)= 1/1"%n,end="")                             # 输出公式
for i in range(2,n+1):                                     # 1~n 项
    fm=1                                                   # 分母
    print("+1/(1",end="")                                  # 输出公式
    for j in range(2,i+1):
        fm+=j                                              # 分母累加
        print("+%d"%j,end="")                              # 输出公式
    print(")",end="")                                      # 输出公式
    sn+=1/fm                                               # 分数
print("=%f"%sn)                                            # 输出总和
```

注意:程序完成求和,还可显示公式。外循环完成分数的计算和累加,而内循环完成分母的累加。这样内循环可以构造、显示每个分数,如 sum(3)= 1/1+1/(1+2)+1/(1+2+3)= 1. 500000。

(4)进制数转换:十进制正整数转换为 r 进制数,r 最大值为 36。

```
res=""                                                     # 每个 s 进制数的数字字符串
dec=int(input("输入十进制正整数:"))                         # 输入十进制
s=int(input("输入进制:"))                                   # 输入进制
while dec!=0:
    dig=dec%s                                              # 取个位数字
    if dig <=9:                                            # 数字字符
        res=chr(dig+ord('0'))+res                          # 10 以内数字,字符表示
    else:                                                  # 字母字符
        res=chr(ord('a')+dig-10)+res                       # 10 以外数字,字符表示
    dec=dec//s                                             # 去掉个位数字
print("result=",res)                                       # 输出
```

注意:0~9、a~z 一共 36 个字符,可构成 2~36 进制的数字。字符与编码不同,不可混合运算,因此需要进行两者之间的换算处理,ord 函数得到字符的编码值,而 chr 函数得到编码值的字符。

(5)进制数转换:十进制正小数(小于 0)转换为 r 进制数,r 最大值为 36。

```
res="0."                                                   # 每个 s 进制数的数字
dec=float(input("输入十进制正小数(小于 1):"))               # 输入十进制
s=int(input("输入进制:"))                                   # 输入进制
while dec!=0:
    dec*=s                                                 # 进位
    dig=int(dec)                                           # 取个位数字
    if dig <=9:                                            # 数字字符
        res+=chr(dig+ord('0'))                             # 10 以内数字,字符表示
    else:                                                  # 字母字符
        res+=chr(ord('a')+dig-10)                          # 10 以外数字,字符表示
    dec=dec-int(dec)                                       # 去掉个位数字
```

```
        if len(res)>20:break
    print("result=",res)                                    # 输出
```

注意:0~9、a~z 一共 36 个字符,可构成 2~36 进制的数字。字符与编码不同,不可混合运算,因此需要进行两者之间的换算处理,ord 函数得到字符的编码值,而 chr 函数得到编码值的字符。长度大于 20 时结束转换。

(6)设置奖品组合方案:购物中心为了促销,预设 1000 万元用于回馈顾客,奖品有轿车(30 万元)、全套家装(20 万元)、家具(5 万元)、卫浴(2 万元)、餐具(0.5 万元)。根据价格设置等级,一等奖轿车至少 1 辆最多 3 辆,二等奖全套家装至少 10 套最多 30 套,家具至少 50 套最多 100 套,卫浴至少 100 套,餐具至少 400 套。假设 5 种奖品总数 200 样(件),奖品有几种组合?各样奖品分别多少样(件)?

```
count=0                                                     # 组合数
for v in range(1,4):                                        # 轿车数
    for w in range(5,31):                                   # 全套家装数
        for x in range(30,101):                             # 家具数
            for y in range(100,501):                        # 卫浴数
                for z in range(0,2001,2):                   # 餐具数
                    if(30*v+20*w+5*x+2*y+z//2==1000)and(v+w+x+y+z==200):
                                                            # 条件
                        print("轿车=%d,全套家装=%d,家具=%d,卫浴=%d,餐具=%d\n"%(v,w,x,y,z))
                        count+=1                            # 组合数
print("共有%d 种组合。"%count)                              # 输出
```

注意:这是典型的产生器(generator)、测试器(tester)的算法。

(7)用循环算法实现 2.(4)题。

```
price=8                                                     # 3 公里内价格
dis=0                                                       # 初始化计数里程
count=0                                                     # 半公里个数
distance=float(input("输入里程:"))                          # 输入路程
if distance>3:                                              # 大于 3 公里
    distance=distance-3                                     # 超过 3 公里
    while distance>dis:                                     # 计数半公里数
        count+=1                                            # 半公里数
        dis+=0.5                                            # 累加半公里
    price+=count*0.9                                        # 半公里数个数计价
print("里程=%.1f,价格=%.1f"%(distance,price))              # 输出
```

注意:这是累计半公里个数的算法。

(8)用二分法求解方程 $2x^2-19x+\sin(x)+24=0$ 的根,并已知根在(5,9)之间。

```
from math import *                                          # 导入数学库
a=float(input("输入左端点:"))                               # 输入端点
b=float(input("输入右端点:"))
if(2*a*a-19*a+sin(a*pi/180)+24)*(2*b*b-19*b+sin(b*pi/180)+24)>0:
        print("输入数据无效!")                              # 输入无效
        exit()                                              # 退出
while True:                                                 # 迭代求解
```

```
        x=(a+b)/2                                           # 计算中点
        y=2*x*x-19*x+sin(x*pi/180)+24                       # 函数值
        if abs(y)<1e-6:                                     # 函数值接近 0
            break
        else:
            if y*(2*a*a-19*a+sin(a*pi/180)+24)>0:           # 判断函数同号
                a=x                                         # 改变区间边界
            else:
                b=x                                         # 改变区间边界
print("root=%f"%x)                                          # 输出结果
```

注意:当输入区间后,端点函数值同号,一般情况,不存在根,exit 函数退出求解。求解过程迭代次数未知,用 while 语句,并由 break 语句结束循环。浮点数存在误差,采用函数值足够小(接近于 0)判断得到根 x。

(9)求解圆周率:圆的直径为边做正方形。从 random 库中随机函数 random 返回[0,1]区间的随机数。

```
from random import *                                        # 导入随机函数库
from math import sqrt                                       # 导入开方函数
n=int(input("输入点数:"))                                    # 输入
count=0                                                     # 计数
while count<=n:                                             # 迭代求解
    x=random()                                              # 坐标点,0~1 之间
    y=random()
    r=sqrt(x*x+y*y)                                         # 距原点的距离,不开方也可以
    if r<=1:                                                # 统计圆内点
        count+=1
PI=4*count/n                                                # 面积比值
print("PI=%f"%PI)                                           # 输出结果
```

注意:这是利用以 1 为半径圆的面积 PI 及其外切正方形面积的关系,通过足够多的随机数 x、y 逼近面积,转化为统计圆内的点数与总点数的比值。random 函数的值在 0~1 之间。

(10)破解密码锁。密码锁有 3 个轮子,每个轮子由 0~9 数字构成。由"机器人"设置密码,"外人"不知。"外人"尝试多次,要么破解,要么放弃。程序模拟"机器人""外人"密码锁设置、密码破解过程。

```
from random import *                                        # 导入随机数函数
puz=str(randint(0,999))                                     # 设置三位密码
if len(puz)==1:puz="00"+puz                                 # 补齐长度
elif len(puz)==2:puz="0"+puz
count=0                                                     # 计数
while True:                                                 # 迭代求解
    data=input("输入三位密码:")                               # 输入破解码
    count+=1                                                # 计数
    if puz==data:                                           # 猜对了
        print("密码破解! \n 共猜%d 次。"%count)
        break
    else:                                                   # 没猜对
        print("第%d 次,%s"%(count,data),end=" ")
```

```
        yn=input("…放弃吧?(yes/no)")                      # 继续?
        if yn.upper()in("YES","Y"):                        # 放弃破解
            print("我的密码是",puz)
            break
```

注意:迭代次数未知,采用 while 语句。randint(a,b)函数的值为 a~b 之间的整数。

(11)荡秋千:荡秋千时最高与挂钩持平,最低处紧挨地面。每次秋千回荡的高度是前一次高度的 4/5。输入绳索长度 L,求回荡的第 n 次的高度是多少?近似荡过的路程是多少?

```
from math import *                                 # 导入数学库
L=int(input("绳索长度:"))                          # 输入半径
n=int(input("回荡次数:"))                          # 输入次数
dis=0                                              # 路程
for k in range(1,n+1):                             # 循环次数
    L*=4/5                                         # 回荡高度
    dis+=2*2*acos(1-4/5)*L                         # 路程累加
print("高度=%f,路程=%f"%(L,dis))                   # 输出
```

注意:迭代次数已知,采用 for 语句。利用反余弦函数 acos 求解角度(弧度)。利用弧长与角度的比值可算出弧长。回荡过程两边的高度也不一样,只是近似算。

(12)松鼠储备野果过冬。为了度过冰天雪地的冬季,松鼠总要在秋季提前储备野果过冬。大雪封山后,松鼠每天总要吃掉一半野果又一个。

① 冬季 N 天后还能剩 1 个野果,大雪封山时松鼠储备了多少个野果?

② 如果松鼠准备 Total 个野果,按这种吃法,松鼠开春(假设冬季 150 天)还剩至少 1 个野果吗?

```
#①
N=int(input("天数:"))                              # 输入天数
total=1                                            # 野果总数
for k in range(N,0,-1):                            # 循环次数
    total=(total+1)*2                              # 推测前一天
print("共采摘%d 个野果。"%total)                   # 输出
#②
Total=int(input("总个数(偶数):"))                  # 输入总数
N=int(input("天数:"))                              # 输入天数
for k in range(1,N+1):                             # 循环次数
    Total=Total/2-1                                # 推测后一天
print("还剩%d 个野果。"%Total)                     # 输出
```

(13)输入数值方阵,输出:

① 对角线元素之和。

② 所有极小值点。极小值点是指元素所在行、列中都是最小的。

③ 每行元素之和、每列元素之和。

④ 两个大小等同的矩阵,位置相同的元素乘积构成新矩阵。

```
#⓪输入矩阵程序
#输入矩阵 m、n
m=[]                                               # 矩阵
```

```
while True:                                              # 连续输入
    row=input("输入一行(逗号分开):")                      # 输入一行
    row=row.split(",")                                   # 分割每个数,形成数值字符串列表
    row=list(map(float,row))                             # 转换为形成浮点数,构成数据列表
    m.append(row)                                        # 追加到列表中
    yn=input("还输入吗?(y,n,yes,no)")                    # 继续加入行?
    if yn.upper()=="N" or  yn.upper()=="NO":             # 结束输入
        break
n=[]                                                     # 矩阵
while True:                                              # 连续输入
    row=input("输入一行(逗号分开):")                      # 输入一行
    row=row.split(",")                                   # 分割每个数,形成数值字符串列表
    row=list(map(float,row))                             # 转换为形成浮点数,构成数据列表
    n.append(row)                                        # 追加到列表中
    yn=input("还输入吗?(y,n,yes,no)")                    # 继续加入行?
    if yn.upper()=="N" or  yn.upper()=="NO":             # 结束输入
        break
#①对角线元素之和
s=0                                                      # 累加
for i in range(len(m)):                                  # 每一行
    s+=m[i][i]+m[i][len(m)-i-1]                          # 每一行、每一列
if len(m)%2:                                             # 奇数行、列中心,累加两次
    s-=m[len(m)//2][len(m)//2]                           # 减去中心点
print("对角线元素之和:",s)                                # 输出
#②极小值点
for i in range(len(m)):                                  # 每一行
    min_c=0                                              # 当前行的默认最小位置
    for j in range(len(m[i])):                           # 当前行的每一列
        if m[i][j]<m[i][min_c]:                          # 默认有误?
            min_c=j                                      # 修正当前行的最小列位
    flag=True                                            # 默认当前列最小
    for k in range(len(m)):                              # 每一行
        if m[k][min_c]<m[i][min_c]:                      # 默认有误?
            flag=False                                   # 修正默认
    if flag:                                             # 是极小点吗?
        print("m(%d,%d)=%d"%(i,min_c,m[i][min_c]))       # 显示极小点
print("求解结束。")
#③每行元素之和、每列元素之和
row_sum=map(sum,m)                                       # sum作用于每行,形成可迭代对象
row_sum=tuple(row_sum)                                   # 每行之和
print("每行元素之和:",*row_sum)                           # 解包,显示每行之和
col_sum=zip(*m)                                          # 解包,形成每列的可迭代对象
col_sum=tuple(col_sum)                                   # 形成每列的元组
col_sum=map(sum,col_sum)                                 # sum作用于每列,形成可迭代对象
col_sum=tuple(col_sum)                                   # 每列之和
print("每列元素之和:",*col_sum)                           # 解包,显示每列之和
print("求解结束。")                                       # 输出
#④矩阵对应元素相乘
```

```
#行对行形成有序对,列对列形成有序对(即元素对元素形成有序对),元素相乘
mn=[[m[i][j] * n[i][j] for j in range(len(m))] for i in range(len(m))]
for r in mn:print(r)                                                # 输出
```

注意:采用列表表示矩阵。列表的数据模型是线性表,即元素是有序的,可采用下标确定列表元素。通过下标的变换,可遍历访问每个元素。在有些处理上,采用 map、zip、tuple(或list)、解包等更加便捷,如④可采用

```
mn=[[col1 * col2 for(col1,col2)in zip(row1,row2)]for(row1,row2)in zip(m,n)]
```

也可以采用循环列表递推:

```
row_sum=[sum(row)for row in m]                                      # 各行之和的列表
col_sum=[sum(col)for col in [[m[i][j] for i in range(len(m))]for j in range(len(m))]]
                                                                    # 形成转置矩阵后再求各行(即原来
                                                                    # 各列)之和
```

(14)将例 4.50 中的学生信息改用列表实现。

```
#①录入信息
sc_table=[]                                                         # 成绩单
while True:
    record=input("输入记录(用逗号分开):")                              # 输入信息
    record=record.split(",")                                        # 字符串分开每个信息,列表
    sc_table.append(record)                                         # 加入成绩单(列表)
    yesno=input("还输入学生记录吗?(y 或 n)")                           # 继续加入记录吗?
    if yesno not in ["y","Y","yes","YES"]:break                     # 不再加入记录
```

注意:列表的数据模型是线性表,序号是列表元素的索引。记录内容可用序号进行编码,也就是序号确定记录的各项内容。

```
#②计算总成绩
for record in sc_table:                                             # 成绩单的每个记录
    total=float(record[3]) * 0.1+\
    float(record[4]) * 0.3+\
    float(record[4]) * 0.6                                          # 计算总成绩
    record.append(str(total))                                       # 更新每个总成绩
#③信息排序
#按学号排序
sc_table.sort()                                                     # 按记录排序
#按总成绩排序
for record in sc_table:                                             # 每个记录
    record.insert(0,record[len(record)-1])                          # 最后一项插到记录头
sc_table.sort(reverse=True)                                         # 从大到小排序
for record in sc_table:                                             # 每个记录
    record.pop(0)                                                   # 去掉刚才插入的项
```

注意:将总成绩插入记录前面后再排序,最后又把插入的总成绩删除。按从大到小排序。排序、插入、删除都是对原来列表的更新。

```
#④查找信息
#按学号查找
```

```
num=input("输入学号:")                          # 输入学号
flag=False                                      # 默认没有该学生
for record in sc_table:                         # 成绩单的每个记录
    if num==record[0]:                          # 查找到学生?
        flag=True                               # 修改默认,找到学生
        break
if flag==False:                                 # 没找到学生
        print("没找到学号%s 的学生!"%num)        # 输出没找到信息
else:                                           # 找到学生
        for value in record:                    # 获取学号对应的所有值的列表
            print("|%s"%value,end="")           # 显示每个值
        print("|\n")
print("查找结束!")                              # 查找结束
#按姓名查找
name=input("输入姓名:")                         # 输入姓名
flag=False                                      # 默认没有该学生
for record in sc_table:                         # 成绩单的每个记录
    if name==record[1]:                         # 查找到学生?
        flag=True                               # 修改默认,找到学生
        break
if flag==False:                                 # 没找到学生
        print("没找到姓名%s 的学生!"%name)       # 输出没找到信息
else:                                           # 找到学生
        for value in record:                    # 获取学号对应的所有值的列表
            print("|%s"%value,end="")           # 显示每个值
        print("|\n")
print("查找结束!")                              # 查找结束
#⑤信息删除
#按学号删除
num=input("输入学号:")                          # 输入学号
flag=False                                      # 默认没有该学生
for record in sc_table:                         # 成绩单的每个记录
    if num==record[0]:                          # 删除学生
        flag=True                               # 找到学生,修改标记
        record_del=record                       # 记住被删除记录
        index=sc_table.index(record)            # 定位删除位置
        sc_table.pop(index)                     # 删除记录
        break
if flag==False:                                 # 没找到学生
        print("没找到学号%s 的学生!"%num)        # 输出没找到信息
else:                                           # 找到学生
        for value in record_del:                # 获取学号对应的所有值的列表
            print("|%s"%value,end="")           # 显示每个值
        print("|\n")
print("删除结束!")                              # 删除结束
#按姓名删除
name=input("输入姓名:")                         # 输入姓名
flag=False                                      # 默认没有该学生
```

```
for record in sc_table:                                    # 成绩单的每个记录
    if name==record[1]:                                    # 查找学生
        flag=True                                          # 找到学生,修改标记
        record_del=record                                  # 记住被删除记录
        index=sc_table.index(record)                       # 定位删除位置
        sc_table.pop(index)                                # 删除记录
        break
if flag==False:                                            # 没找到学生
        print("没找到姓名%s 的学生!"%name)                   # 输出没找到信息
else:                                                      # 找到学生
        for value in record_del:                           # 获取学号对应的所有值的列表
          print("|%s"%value,end="")                        # 显示每个值
        print("|\n")
print("查找结束!")                                          # 查找结束
#⑥信息显示
prt_title=["学号","姓名","班级","平时成绩","实验成绩","期末成绩","总成绩"]
for title in prt_title:
    print("|%s"%title,end="")                              # 显示标题
print("|\n")
for record in sc_table:                                    # 每个记录
    for value in record:                                   # 获取学号对应的所有值的列表
        print("|%s"%value,end="")                          # 显示每个值
    print("|\n")
```

第5章 模块化程序设计（一）

【习题五解答】

1. 解释基本概念：函数定义与函数调用、函数参数与函数返回、函数嵌套调用与函数递归调用。

函数定义与函数调用：函数体现模块化程序设计思想，并表达实现问题求解的功能。除了函数体完成实现功能外，函数定义中的函数类型（返回值类型）、函数名称、参数个数及其数据类型。实际上这些信息构成了主调函数与被调函数的调用接口，尤其参数和返回值实现了主调函数与被调函数之间的参数数据的传递。函数是独立的功能模块，通过调用建立了函数之间的连接关系，完成更加复杂的功能。程序执行过程是串行的，当主调函数调用被调函数时，主调函数在调用点处（中断点）等待被调函数的返回。

函数参数与函数返回：函数参数表示函数之间的数据传递，分为函数形参和函数实参。函数定义中，函数参数为形参，表达函数被调用时所需参数个数、参数类型。函数形参是动态变量。函数调用中，函数参数为实参，有值的变量、常量或表达式。函数形参与函数实参必须一一对应，包括参数个数、对应位置参数数据类型。函数调用时，形参接受实参值的拷贝（隐式赋值）。形参与实参引用相同数据存储单元。当形参重新赋值后，引用新的数据存储单元。如果参数是可变元素的列表、集合、字典，形参改变元素后也是实参的改变。被调函数被主调函数调用时，从主调函数转向被调函数，只有被调函数执行结束后返回到主调函数调用点处，主调函数才能继续往下执行，即只有被调函数返回后，主调函数方可继续执行，也就是被调函数必须返回，否则主调函数永久处于等待状态（死机）。如果被调函数指明返回值，被调函数返回时也带回一个值（这与数学函数类似）。

函数嵌套调用与函数递归调用：主调函数调用被调函数，而被调函数又调用其他函数，依次类推就构成了函数嵌套调用。对函数嵌套调用层次没有限制。如果函数直接或间接调用自身函数，这样函数嵌套调用构成直接或间接递归调用。函数递归本质是大问题求解可转化为小问题求解，但求解过程是一样的。此外，递归内部实现是借助堆栈，这也是不同于循环程序之处。

2. 函数有哪些分类方式？

根据函数来源，可分为系统函数、自定义函数。根据函数参数，可分为有参函数、无参函数。根据函数返回值,可分为返回 None 函数和返回其他数据类型函数。由于 None 值没有实际作用,返回 None 的函数可以理解为只强调函数功能,不关注返回值。根据函数关系,有主调函数和被调函数。

3. 主调函数和被调函数的关系在程序执行过程中如何体现控制与被控制的关系?

当主调函数调用被调函数时,主调函数处于等待状态,并转向被调函数的执行,直至被调函数执行完毕返回到主调函数,主调函数才从中断处恢复继续往下执行。

4. 函数调用关系中,函数参数可分为几种?各有什么特点?

实参和形参。有关特点参见第 1 题。

5. 用梯形法求定积分 $\int_a^b f(x)\,dx$,其中 $f(x)=5x^2+6x-3$,上下限 a、b 从键盘输入。分别用递推(循环)和递归实现。

```
def f(x):                                    # 函数定义
    return 5 * x * x+6 * x-3                 # 函数值
def trapezia(a,b,n):                         # 函数定义:递推(循环)算法
    res=0                                    # 积分初始化
    delta=(b-a)/n                            # dx 值
    while(n>0):                              # 累加面积
        fa=f(a);fb=f(a+delta)                # 梯形上、下底
        res+=(fa+fb) * delta/2               # 梯形面积累加
        a+=delta                             # 坐标变化
        n-=1
    return res                               # 积分
def trapezia(a,b,n):                         # 函数定义:递归算法
    if n==0:
        res=0                                # 积分初始化
    else:
        delta=(b-a)/n                        # dx 值
        res=trapezia(a+delta,b,n-1)          # 部分区间积分
        b=a+delta                            # 邻近坐标
        fa=f(a)                              # 梯形上、下底
        fb=f(a+delta)
        res+=(fa+fb) * delta/2               # 梯形面积累加
    return res                               # 积分
def main():                                  # 主控函数
    abn=input("输入 a,b,n(逗号隔开):")        # 输入数据
    abn=abn.split(",")
    [a,b,n]=list(map(float,abn))             # 下限、上限、区间数
    res=trapezia(a,b,n)                      # 函数调用:积分求解
    print("solution=%f."%res)                # 输出积分
```

注意:递推(循环)是在累加面积过程,递归是在子区间的面积加上小面积。

6. 用牛顿迭代方法求方程 $ax^3+bx^2+cx+d=0$ 的根,其中 a、b、c、d 和第一个根的近似值由键盘输入。分别用递推(循环)和递归实现。

```
def fun(a,b,c,d,x):                          # 函数定义:y=ax^3+bx^2+cx+d
```

```
    return a * x * x * x+b * x * x+c * x+d
def fun1(a,b,c,x):                                    # 函数定义:导数 y' = 3ax^2+2bx+c
    return 3 * a * x * x+2 * b * x+c
def newton(a,b,c,d,xk1):                              # 函数定义:牛顿迭代递推(循环)算法
    xk = xk1                                          # 初值
    xk1 = xk-fun(a,b,c,d,xk)/fun1(a,b,c,xk)           # 切线值
    while abs(xk1-xk)>1e-6:                           # 不够小?
        xk = xk1                                      # 前一个值
        xk1 = xk-fun(a,b,c,d,xk)/fun1(a,b,c,xk)       # 先一个值:切线方程的解
    return xk1                                        # 得到根
def newton(a,b,c,d,xk1):                              # 函数定义:牛顿迭代递归算法
    xk = xk1                                          # 初值
    xk1 = xk-fun(a,b,c,d,xk)/fun1(a,b,c,xk)           # 切线值
    if abs(xk1-xk)>1e-6:                              # 不够小?
        xk = xk1                                      # 前一个值
        xk1 = xk-fun(a,b,c,d,xk)/fun1(a,b,c,xk)       # 先一个值:切线方程的解
        xk1 = newton(a,b,c,d,xk1)                     # 递归调用
    return xk1                                        # 得到根
def main():                                           # 主控函数
    abcdx = input("输入 a,b,c,d,x0(逗号隔开):")         # 输入数据
    abcdx = abcdx.split(",")
    [a,b,c,d,x0] = list(map(float,abcdx))
    res = newton(a,b,c,d,x0)
    print("%fx^3+%fx^2+%fx+%f = 0,solution = %f."%(a,b,c,d,res))  # 输出
```

注意:递推和递归都是在修改区间,小区间内的根是原来大区间的根(大、小区间内的根相同)。

7. 用递归实现自然数的最大公约数和最小公倍数。

```
def max_common_divisor(a,b):                          # 函数定义:最大公约数,设 a>=b
    if a%b == 0:
        return b
    else:
        return max_common_divisor(b,a%b)              # 递归调用
def min_common_num(a,b):                              # 函数定义:最小公倍数
    return a * b/max_common_divisor(a,b)
def main():                                           # 主控函数定义
    ab = input("输入 a,b(逗号隔开):")                   # 输入数据
    ab = ab.split(",")
    [a,b] = list(map(float,ab))
    if(a<b):   a,b = b,a                              # 交换数据
    res = max_common_divisor(a,b)                     # 函数调用:最大公约数
    print("(%d,%d)最大公约数 = %d\n"%(a,b,res))
    res = min_common_num(a,b)                         # 函数调用:最小公倍数
    print("(%d,%d)最小公倍数 = %d\n"%(a,b,res))
```

注意:递推(循环)算法参见第 4 章的习题。

8. 计算阶乘 n!。输入 n,输出阶乘。分别用递推(循环)和递归实现。

```
def factorial(n):                                    # 函数定义:递归算法
    if n==0:
        return 1
    else:
        return n * factorial(n-1)                    # 递归调用
def factorial(n):                                    # 函数定义:递归算法
    return 1 if n==0 else n * factorial(n-1)
def factorial(n):                                    # 函数定义:递推(循环)算法
    res=1
    for i in range(1,n+1):res *=i                    # 累乘
    return res
def main():                                          # 主控函数
    n=int(input("输入 n:"))                          # 输入数据
    res=factorial(n)                                 # 函数调用
    print("%d!=%d."%(n,res))
```

注意:递归程序可以有多种写法。

9. 进制数转换:十进制正整数转换为 r 进制数,r 最大为 36。用递归实现。

```
def dec_to_oth(dec,s):
    res=""                                           # s 进制数的数字字符串
    if dec!=0:
        dig=dec%s                                    # 取个位数字
        if dig<=9:                                   # 数字字符
            r=chr(dig+ord('0'))                      # 10 以内数字,字符表示
        else:                                        # 字母字符
            r=chr(ord('a')+dig-10)                   # 10 以外数字,字符表示
        res=dec_to_oth(dec//s,s)+r                   # 去掉个位数字
    return res                                       # 返回数字字符串
def main():                                          # 主控函数
    dec=int(input("输入十进制正整数:"))              # 输入十进制
    s=int(input("输入进制(2~36):"))                  # 输入进制
    res=dec_to_oth(dec,s)
    print("result=",res)                             # 输出
```

注意:递推(循环)程序参见第 4 章习题。

10. 用二分法求解方程 $2x^2-19x+\sin(x)+24=0$ 的根,并已知根在(5,9)之间。用递归实现。

```
from math import *                                   # 导入数学函数
def fun(x):                                          # 函数定义:曲线函数 fun
    y=2 * x * x-19 * x+24+sin(x * pi/180)            # f(x)= 2 * x * x-19 * x+ * sin(x)+24,
                                                     # 转为弧度
    return y
def root(a,b):                                       # 函数定义:递归求根
    x=(a+b)/2                                        # 中点
    y=fun(x)                                         # 函数值
```

```
        if abs(y)>1e-6:                                    # 函数值大于0
            if y * fun(a)>0:  a=x                           # 函数同号?改变区间边界
            else:  b=x                                      # 改变区间边界
            x=root(a,b)                                     # 求根
        return x
def main():                                                 # 主控函数
        a=float(input("输入左端点:"))                         # 输入端点
        b=float(input("输入右端点:"))
            r=root(a,b)                                     # 函数定义:求根
        print("root=%f"%r)
```

注意:递推(循环)程序参见第4章习题。

11. 判断朋友关系:物以类聚,人以群分。朋友有较多共同爱好,也有可能一方对另一方有好感。判断成为朋友或一方对另一方好感的可能性。用递推(循环)、递归和集合运算实现。

```
#递推实现
def samehobbies(hobbies1,hobbies2):                        # 共同爱好
    smhb=set()
    for h in hobbies1:                                      # 1人所有爱好
        if h in hobbies2:                                   # 是共同爱好吗?
            smhb.add(h)                                     # 加入共同爱好
    return smhb
def allhobbies(hobbies1,hobbies2):                          # 所有爱好
    allhb=set(hobbies2)
    for h in hobbies1:                                      # 1人所有爱好
        if h not in allhb:                                  # 不重复爱好追加
            allhb.add(h)                                    # 加入爱好
    return allhb
#递归实现
def samehobbies(hobbies1,hobbies2):                        # 共同爱好
    hobbies1=list(hobbies1)                                 # 类型转换,确保通用性
    if len(hobbies1)==0:                                    # 1人没有爱好,没有共同爱好
        smhb=set()
    elif hobbies1[0] in hobbies2:                           # 是共同爱好吗?
        smhb=samehobbies(hobbies1[1:],hobbies2)             # 其他共同爱好
        smhb.add(hobbies1[0])                               # 加入共同爱好
    else:
        smhb=samehobbies(hobbies1[1:],hobbies2)             # 其他共同爱好
    return smhb
def allhobbies(hobbies1,hobbies2):                          # 所有爱好
    allhb=set(hobbies2)                                     # 类型转换,确保通用性
    hobbies1=list(hobbies1)
    if hobbies1[0] not in hobbies2:                         # 不重复爱好追加
        allhb=allhobbies(hobbies1[1:],hobbies2)             # 其他爱好合并
        allhb.add(hobbies1[0])                              # 加入爱好
    return allhb
def friend(hobbies1,hobbies2):                              # 找爱好相似朋友
```

```
    hobbies=hobbies1|hobbies2                                          # 所有爱好
    samehobbies=hobbies1&hobbies2                                      # 共同爱好
    return samehobbies,hobbies,len(samehobbies)/len(hobbies1),\
          len(samehobbies)/len(hobbies2),len(samehobbies)/len(hobbies) # 信息
#集合实现
def friend(hobbies1,hobbies2):                                         # 找爱好相似朋友
    hobbies=allhobbies(set(hobbies1),set(hobbies2))                    # 所有爱好
    smhobbies=samehobbies(set(hobbies1),set(hobbies2))                 # 共同爱好
    return smhobbies,hobbies,len(smhobbies)/len(hobbies1),\
          len(smhobbies)/len(hobbies2),len(smhobbies)/len(hobbies)     # 信息
def main():
    hobbies1=input("输入第1人爱好(逗号分开):")                          # 输入爱好
    hobbies2=input("输入第2人爱好(逗号分开):")
    hobbies1=set(hobbies1.split(","))                                  # 分离爱好
    hobbies2=set(hobbies2.split(","))
    smhb,allhb,hb1,hb2,hb=friend(hobbies1,hobbies2)                    # 找朋友
    hg="\t共有好感程度:%.2f"%(hb*100)+"%"
    print("共同爱好:",smhb,"\t所有爱好:",allhb,hg)                      # 显示信息
    if hb1>0.5 and hb2>0.5:                                            # 共同爱好
        print("两人互相有好感! 好感度分别%.2f"%(hb1*100)+"%,"+"%.2f"%(hb2*100)+"%.")
    elif hb1>0.5:                                                      # 单方爱好
        print("第1人对第2人有好感!","\t好感程度:%.2f"%(hb1*100)+"%.")
    elif hb2>0.5:
        print("第2人对第1人有好感!","\t好感程度:%.2f"%(hb2*100)+"%.")
```

12. 弹簧反弹:弹簧从一定高度 h 垂直坠落,每次反弹高度与坠落高度的比例为 rate。第 n 次反弹的高度是多少? 到第 n 次反弹最高点时弹簧所经历的路途多长? 用递推和递归实现。

```
#递推实现
def height(h,n,rate):                                                  # 反弹高度
    for i in range(0,n+1):                                             # 第n次
        h=h*rate                                                       # 前一高度变化
    return h                                                           # 第n次反弹高度
def distance(h,n,rate):                                                # 第n反弹后达到高度后的路程
    dis=0                                                              # 路程
    h1=h                                                               # 开始高度
    for i in range(0,n+1):                                             # 第n次
        dis+=h1                                                        # 前一高度
        h1=h1*rate                                                     # 前一高度变化
        dis+=h1                                                        # 反弹高度
    return dis                                                         # 路程
def height_distance(h,n,rate):                                         # 高度和路程
    dis=0                                                              # 路程
    h1=h                                                               # 开始高度
    for i in range(0,n+1):                                             # 第n次
        dis+=h1                                                        # 前一高度
        h1=h1*rate                                                     # 前一高度变化
```

```
            dis+=h1                                          #反弹高度
        return h1,dis                                        #高度、路程
    #递归实现
    def height(h,n,rate):                                    #反弹高度
        if n==1:                                             #只反弹一次高度
            h=h*rate
        else:
            h=height(h*rate,n-1,rate)                        #当前高度变化
        return h                                             #当前反弹高度
    def height(h,n,rate):                                    #反弹高度
        if n==1:                                             #前一高度变化
            h=h*rate
        else:
            h=height(h,n-1,rate)*rate                        #前一高度变化
        return h                                             #第n次反弹高度
    def distance(h,n,rate):                                  #第n次反弹后达到高度后的路程
        if n==1:                                             #只一次反弹
            dis=h+h*rate                                     #当前路程
        else:
            h1=height(h,n-1,rate)                            #前一次高度
            dis=distance(h,n-1,rate)+h1+h1*rate              #当前路程前一路程+前一次高
                                                             #度的路程
        return dis                                           #路程
    def height_distance(h,n,rate):                           #高度和路程
        if n==1:                                             #只一次反弹
            h1=h*rate                                        #当前高度
            dis1=h+h*rate                                    #当前路程
        else:
            h1,dis=height_distance(h,n-1,rate)               #前一高度、路程
            dis1=dis+h1+h1*rate                              #当前路程
            h1=h1*rate                                       #当前高度
        return h1,dis1                                       #高度、路程
    def mymain():
        h=float(input("起始高度:"))
        n=int(input("第几次反弹:"))
        rate=float(input("反弹系数:"))
        print("起始高度%f,第%d次反弹高度:%f"%(h,n,height(h,n,rate)))
        print("路程:%f"%distance(h,n,rate))
        h1,dis1=height_distance(h,n,rate)
        print("起始高度%f,第%d次反弹高度:%f"%(h,n,h1))
        print("路程:%f"%dis1)
```

注意：高度和路程具有相似求解规律，采用一个求解过程 height_distance 同时获得高度和路程。

13. 任意列表嵌套元素存在性判断：输入一个元素，判断其是否存在于任意层次的列表中，如 3 存在于[1,[2,[4,3],6],[5],7]中，而 8 不存在于[1,[2,[4,3],6],[5],7]中。分别用递推（循环）和递归实现。

```
def ismember(lt,e):                                          #函数定义：递推(循环)算法
```

```
    d=False                                         # 默认不在列表中
    items=lt                                        # 所有数值项集
    while items:                                    # 数值项集为空?
        x=items.pop(0)                              # 表头元素
        if e==x:                                    # 在表头
            d=True;break                            # 在列表中,结束查找
        elif isinstance(x,list):                    # 头元素为列表
            items.extend(x)                         # 头元素(列表)所有元素加入
                                                    # 项集
    return d
def ismember(lt,e):                                 # 函数定义:递归算法
    if lt==[]:d=False                               # 空列表
    elif e==lt[0]:d=True                            # 在头元素
    elif isinstance(lt[0],list):                    # 第0个元素为列表?
        d=ismember(lt[0],e) or ismember(lt[1:],e)   # 在第0个元素数值或表尾数值中
    else:d=ismember(lt[1:],e)                       # 第0个元素不是列表,在表尾中
    return d
def ismember(lt,e):                                 # 递推(循环)与递归的组合定义
                                                    # 函数
    d=False                                         # 默认不在表中
    for x in lt:                                    # 每个列表元素
        if e==x:                                    # 在表头
            d=True;break                            # 在表中,结束查找
        elif isinstance(x,list):                    # 元素为列表?
            d=ismember(x,e)                         # 深入列表继续求和累加
    return d
def main():                                         # 主控函数
    lt=input("输入多层数值列表:")
    e=int(input("输入数值:"))
    yn=ismember4(eval(lt),e)                        # 再次求值,字符串去掉引号
    if yn:print(e," is member of",eval(lt))
    else:  print(e," is not member of",eval(lt))
```

注意:递归程序可以多种写法。input 函数输入字符串,需要再次求值去掉引号。

14. 输入一批数据,调用一个函数同时可得最大值和最小值以及平均值。分别用递推(循环)和递归实现。

```
def get_max_min_avg(dataset):                       # 函数定义:获取最大值、最小值
                                                    # 和平均值
    mma={"最大值":dataset[0],"最小值":dataset[0],"平均值":0}  # 存储结构为字典
    for data in dataset:                            # 每个数据,递推(循环)算法
        if data>mma["最大值"]:mma["最大值"]=data       # 比大的大
        elif data<mma["最小值"]:mma["最小值"]=data     # 比小的小
        mma["平均值"]+=data                           # 累加
    mma["平均值"]/=len(dataset)                       # 平均值
    return mma                                      # 返回字典
def get_max_min_avg(dataset):                       # 函数定义:获取最大值、最小值
                                                    # 和平均值
```

```
    if len(dataset)==1:                                          # 一个元素情况
        mma={"最大值":dataset[0],"最小值":dataset[0],"平均值":dataset[0]}
                                                                 # 字典存储
    else:                                                        # 每个数据
        [head,*tail]=dataset
        mma=get_max_min_avg(tail)                                # 每个数据,递归算法
        if head>mma["最大值"]:mma["最大值"]=head                  # 比大的大
        elif head<mma["最小值"]:mma["最小值"]=head                # 比小的小
        mma["平均值"]=(mma["平均值"]*len(tail)+head)/(len(tail)+1)
                                                                 # 递归求解
    return mma                                                   # 返回字典
def InputDataset():                                              # 函数定义:输入数据
    dataset=[]                                                   # 数据集
    while True:                                                  # 反复输入
        ds=input("输入(逗号隔开):")                               # 输入数据
        ds=ds.split(",")
        dataset.extend(list(map(float,ds)))
        yn=input("还输入吗?(y,n,yes,no)")                         # 继续加入行?
        if yn.upper()=="N" or  yn.upper()=="NO":                 # 结束输入
            break
    return dataset                                               # 返回数据集
def display(mma):                                                # 显示信息
    print("最大值:%d,最小值:%d,平均值:%d"%(mma["最大值"],mma["最小值"],mma["平均值"]))
def main():                                                      # 主控函数
    dataset=InputDataset()                                       # 输入数据集
    mma=get_max_min_avg(dataset)                                 # 获取最大值、最小值和平均值
display(mma)                                                     # 显示结果
```

注意:采用字典管理数据,字典也可以返回。

15. 将第4章习题3.14中学生成绩管理独立实现各个功能模块(函数)。定义总控模块实现菜单选择和数据输入,如:

```
1. 增加记录
2. 计算总成绩
3. 排序记录
4. 查询记录
5. 删除记录
6. 显示记录
7. 退出
请选择功能?(输入数字:1、2、3、4、5、6、7):
```

其中"排序记录""查询记录""删除记录"还有下一级菜单。

```
sc_table=[]                                                      # 成绩单
def menu():                                                      # 函数定义:主控函数——主菜单
    while True:                                                  # 显示主菜单
        print("======主菜单======")
        print("1. 增加记录")
        print("2. 计算总成绩")
        print("3. 排序记录")
```

```
        print("4. 查询记录")
        print("5. 删除记录")
        print("6. 显示记录")
        print("7. 退出")
        num=input("请选择功能?(输入数字:1、2、3、4、5、6、7):")
        if int(num)not in range(1,7):break                    # 选择菜单
        if num=="1":InputRecord()                               # 增加记录
        elif num=="2":CalTotalScore()                           # 计算总成绩
        elif num=="3":SortRecord()                              # 排序记录
        elif num=="4":FindRecord()                              # 查询记录
        elif num=="5":DeleteRecord()                            # 删除记录
        elif num=="6":Display()                                 # 显示信息
def InputRecord():                                              # 数据录入
    while True:
        record=input("输入记录(用逗号分开):")                    # 输入信息
        record=record.split(",")                                # 字符串分开每个信息,列表
        sc_table.append(record)                                 # 加入成绩单(列表)
        yesno=input("还输入学生记录吗?(y或n)")                   # 继续加入记录吗?
        if yesno not in ["y","Y","yes","YES"]:break             # 不再加入记录
    print("录入结束。")
def CalTotalScore():                                            # 函数定义:总成绩计算
    for record in sc_table:                                     # 成绩单的每个记录
        total=float(record[3])*0.1+float(record[4])*0.3+float(record[4])*0.6
                                                                # 计算总成绩
        record.append(str(total))                               # 更新每个总成绩
    print("计算结束。")
def SortRecord():                                               # 函数定义:记录排序
    while True:
        print("======排序======")                              # 二级菜单
        print("1.按学号排序")
        print("2.按总成绩排序")
        print("3.退出")
        num=input("请选择功能?(输入数字:1、2、3):")
        if int(num)not in range(1,3):break                     # 不再排序
        if num=="1":                                            # 按学号排序
            sc_table.sort()
        elif num=="2":                                          # 按总成绩排序
            for record in sc_table:                             # 每个记录
                record.insert(0,record[len(record)-1])          # 最后一项插到记录头
            sc_table.sort(reverse=True)                         # 由大到小排序
            for record in sc_table:                             # 每个记录
                record.pop(0)                                   # 去掉刚才插入的项
    print("排序结束。")
def FindRecord():                                               # 函数定义:记录查找
    while True:                                                 # 二级菜单
        print("======查找记录======")
        print("1.按学号")
        print("2.按姓名")
```

```
            print("3. 退出")
            num=input("请选择功能?(输入数字:1、2、3):")
            if int(num)not in range(1,3):break                      # 不再查找
            if num=="1":                                            # 按学号查找
                FindByNum()
            elif num=="2":                                          # 按姓名查找
                FindByName()
        print("查找结束。")
    def FindByNum():                                                # 函数定义:按学号查找
        num=input("输入学号:")                                      # 输入学号
        flag=False                                                  # 默认没有该学生
        for record in sc_table:                                     # 成绩单的每个记录
            if num==record[0]:                                      # 查找到学生?
                flag=True                                           # 修改默认,找到学生
                break
        if flag==False:                                             # 没找到学生
            print("没找到学号%s 的学生!"%num)                        # 输出没找到信息
        else:                                                       # 找到学生
            for value in record:                                    # 获取学号对应的所有值的列表
                print("|%s"%value,end="")                           # 显示每个值
            print("|\n")
        print("查找结束!")                                          # 查找结束
    def FindByName():                                               # 函数定义:按姓名查找
        name=input("输入姓名:")                                     # 输入姓名
        flag=False                                                  # 默认没有该学生
        for record in sc_table:                                     # 成绩单的每个记录
            if name==record[1]:                                     # 查找到学生?
                flag=True                                           # 修改默认,找到学生
                break
            if flag==False:                                         # 没找到学生
                print("没找到姓名%s 的学生!"%name)                   # 输出没找到信息
            else:                                                   # 找到学生
                for value in record:                                # 获取学号对应的所有值的列表
                    print("|%s"%value,end="")                       # 显示每个值
                print("|\n")
        print("查找结束!")                                          # 查找结束
    def DeleteRecord():                                             # 函数定义:记录删除
        while True:                                                 # 二级菜单
            print("======删除记录======")
            print("1. 按学号")
            print("2. 按姓名")
            print("3. 退出")
            num=input("请选择功能?(输入数字:1、2、3):")
            if int(num)not in range(1,3):break                      # 不再查找
            if num=="1":                                            # 按学号
                DeleteByNum()
            elif num=="2":                                          # 按姓名
                DeleteByName()
```

```
    print("删除结束。")
def DeleteByNum():                              # 函数定义:按学号删除
    num=input("输入学号:")                       # 输入学号
    flag=False                                  # 默认没有该学生
    for record in sc_table:                     # 成绩单的每个记录
        if num==record[0]:                      # 删除学生
            flag=True                           # 找到学生,修改标记
            record_del=record                   # 记住被删除记录
            index=sc_table.index(record)        # 定位删除位置
            sc_table.pop(index)                 # 删除记录
            break
    if flag==False:                             # 没找到学生
            print("没找到学号%s 的学生!"%num)     # 输出没找到信息
    else:                                       # 找到学生
            for value in record_del:            # 获取学号对应的所有值的列表
                print("|%s"%value,end="")       # 显示每个值
            print("|\n")
    print("删除结束!")                           # 删除结束
def DeleteByName():                             # 函数定义:按姓名删除
    name=input("输入姓名:")                      # 输入姓名
    flag=False                                  # 默认没有该学生
    for record in sc_table:                     # 成绩单的每个记录
        if name==record[1]:                     # 查找学生
            flag=True                           # 找到学生,修改标记
            record_del=record                   # 记住被删除记录
            index=sc_table.index(record)        # 定位删除位置
            sc_table.pop(index)                 # 删除记录
            break
        if flag==False:                         # 没找到学生
            print("没找到姓名%s 的学生!"%name)   # 输出没找到信息
        else:                                   # 找到学生
            for value in record_del:            # 获取学号对应的所有值的列表
                print("|%s"%value,end="")       # 显示每个值
            print("|\n")
    print("删除结束!")                           # 查找结束
def Display():                                  # 函数定义:显示信息
    for record in sc_table:                     # 学号
        for value in record:                    # 获取学号对应的所有值的列表
            print("|%s"%value,end="")           # 显示每个值
        print("|\n")
```

注意:采用功能划分进行规划设计。设计 sc_table 为函数外定义变量,全局共享该变量。

第6章

模块化程序设计(二)

【习题六解答】

1. 从程序、数据安全角度解释理解命名空间、变量有效范围。

命名空间是 Python 解释环境管理对象名及其引用的识别、管理机制,而且命名空间中标识符(名称)是唯一的。只有在命名空间中对象名才启用相应的引用,即访问。在源代码中,不同对象构成不同命名空间,如 Python 解释环境有命名空间,函数定义、类定义等都有自己命令空间。不同命名空间中的标识符(名称)可以同名,但都有自己对象的引用。命名空间中标识符(名称)可以是变量名、函数名、类名等(函数名、类名实际上也是变量名,是函数定义、类定义隐式赋值)。不同命名空间中的对象属性(函数也是对象)为变量,也有名称,通过成员运算符可以赋值和取值。它属于对象下一级的命名空间,也就是在对象命名空间中不含属性名。

根据变量在源代码中的位置,变量可分为全局变量、局部变量和非局部变量。函数外定义使用的变量(相对文件,顶级函数外定义的变量)为全局变量,即 Python 解释环境中定义和使用的变量(在 Python 解释环境的命名空间,即 globals)。局部变量为函数内定义的变量(在函数的命名空间,即 locals)。在函数嵌套定义时,外函数的内变量可被内函数访问(对外函数而言是局部的,但可以被内函数访问,即 nonlocals)。

2. 从数据单元说明什么是变量存储类别?变量存储类别可分为哪两大类?

变量存储类别是根据变量数据单元的生命周期划分的,包括静态变量与动态变量。静态变量所引用的数据单元在程序运行期间始终存在着,而且只初始化一次。而动态变量所引用的数据单元在函数调用时分配数据单元,函数调用结束后数据单元系统撤销、回收。外变量(全局变量)具有静态特性,而内变量(局部变量)具有动态特性。

3. 在程序设计中,需要关注变量的哪些特性?其内涵各是什么?

变量是程序设计核心概念,围绕变量访问(取值、赋值)及其安全、声明周期,主要关注变量的数据类型、有效范围和存储类别。数据类型决定变量的存储单元大小、运算及运算结果。有效范围取决于变量命名空间,可确保变量访问安全。存储类别决定变量引用数据单元的生命周期,确保数据存储单元有效利用。

4. 叙述文件导入作用和导入形式。

文件导入首先需要确定查找路径。在 Python 解释环境中设置默认的文件查找路径,在进行标识符（名称）导入、文件（模块）导入、文件夹（模块包）导入中就是从查找路径找相关的文件、文件夹。导入的文件、文件夹一定要出现在查找路径中或查找路径的延伸路径中。查找路径是路径集，当在路径上首次遇到文件、文件夹后导入，其他路径上即使有同名的文件、文件夹也不再导入。

文件导入是解决软件开发分工协作与集成组装、代码重用共享的有效手段，其主要根据命名空间导入其他文件的标识符（包括变量名、函数名、类名等名称）、文件（模块）或文件夹（模块包）到当前命名空间中。由于命名空间的标识符（名称）及其引用，可以在当前命名空间中启用相应的引用实现通过标识符（名称）的访问。导入形式分为三种：导入标识符（名称）、导入文件（模块）和导入文件夹（模块包）。导入标识符（名称）可直接访问标识符（名称）访问对象；导入文件（模块）可通过模块名、成员运算符访问、标识符（名称）访问对象；导入文件夹（模块包）可通过文件夹形成的路径、成员运算符、标识符（名称）访问对象。

5. 解释匿名函数及其局限性。

匿名函数也就是 lambda 表达式。lambda 表达式可以带参数（形参），也可表达较为复杂的问题求解（计算），可以采用 for 表达式（推导式）、if 表达式和递归算法，但 lambda 表达式是运算对象（有返回值），其中不可有语句，其功能难于达到函数定义所能表达的能力。

6. 求集合的幂集，如{1,2}的幂集{{},{1},{2},{1,2}}。采用循环算法和递归算法求解。

```
# 采用列表表示集合
# 循环算法实现
def pw(lt):
    res=[[]]                                    # 初始化
    while lt!=[]:                               # 有元素
        temp=[x.copy() for x in res]            # 拷贝列表
        elem=lt.pop(0)                          # 取出、去掉头元素
        for item in temp:                       # 头元素加到每个元素中
            item.append(elem)
        res.extend(temp)                        # 合并原来列表
    return res                                  # 返回幂集
# 递归算法实现
def pw(lt):
    res=[[]]                                    # 初始化
    if lt!=[]:                                  # 有元素
        elem=lt.pop(0)                          # 取出、去掉头元素
        res=pw(lt)                              # 子集求幂集
        temp=[x.copy() for x in res]            # 拷贝子集幂集
        for item in temp:                       # 头元素加到每个元素中
            item.insert(0,elem)
        res.extend(temp)                        # 合并原来列表
    return res                                  # 返回幂集
```

7. 数列：$\frac{1}{2},\frac{2}{3},\frac{3}{5},\frac{5}{8},\frac{8}{13},\cdots$把分数看成一个整体，采用循环算法和递归算法实现：(1) 第 n 项的分数；(2) 前 n 项分数数列。

```
# 分数,循环实现
def fraction(n):                              # 函数定义
    ft=(1,2)                                  # 采用元组表示分数,默认 1 项分数
    if n>1:                                   # 大于 1 项
        for _ in range(2,n+1):                # 无名变量,迭代求解
            ft=(ft[1],ft[0]+ft[1])            # 前一项求当前项
    return ft                                 # 返回第 n 项分数
# 分数,递归实现
def fraction(n):                              # 函数定义
    ft=(1,2)                                  # 采用元组表示分数,默认 1 项分数
    if n>1:                                   # 大于 1 项
        tp=fraction(n-1)                      # 前一项分数
        ft=(tp[1],tp[0]+tp[1])                # 当前项分数
    return ft                                 # 返回第 n 项分数
# 前 n 项分数数列,循环实现
def fract_seq(n):                             # 函数定义
    result=[]                                 # 分数数列保留在列表中
    for i in range(1,n+1):                    # n 次迭代
        result.append(fraction(i))            # 加入第 i 项分数
    return result                             # 返回分数数列
# 前 n 项分数数列,递归实现
def fract_seq(n):                             # 函数定义
    result=[]                                 # 分数数列保留在列表中
    if n>0:                                   # n 次迭代
        result=fract_seq(n-1)                 # 前 n-1 项
        result.append(fraction(n))            # 加入第 n 项分数
    return result
# 显示分数数列,循环实现
def display(result):                          # 函数定义
    for ft in result:                         # 每项分数
        print(ft[0],"/",ft[1],end="  ")       # 显示 1 项
# 显示分数数列,递归实现
def display(result):                          # 函数定义
    if result!=[]:
        print(result[0][0],"/",result[0][1],end="  ")  # 1 项分数
        display(result[1:])                   # 其他项分数
```

8. 数列：$\frac{1}{2},\frac{2}{3},\frac{3}{5},\frac{5}{8},\frac{8}{13},\cdots$把分数看成一个整体，采用匿名函数实现：(1) 第 n 项的分数；(2) 前 n 项分数数列。

```
# 递归实现
fraction=lambda n:(1,2) if n<=1 else(fraction(n-1)[1],fraction(n-1)[0]+fraction(n-1)[1])
```

其他与习题 7 相同。

9. 数列：$\frac{1}{2},\frac{2}{3},\frac{3}{5},\frac{5}{8},\frac{8}{13},\cdots$采用生成器实现前 n 项分数数列。

为了对比，结合习题 7、8，先看：

```
result=fract_seq(5)                              # 习题7,产生分数数列
reslut=[fraction(i)for i in range(1,5+1)]        # 习题7、8,利用推导式产生分数数列
def gen_fraction(n):                             # 生成器函数定义
    ft=(1,2)                                     # 采用元组表示分数,默认1项分数
    yield ft                                     # 第1次迭代,返回值
    for_in range(2,n+1):                         # 反复迭代
        ft=(ft[1],ft[0]+ft[1])                   # 前一项求当前项
        yield ft                                 # 每次迭代返回值
fraction=gen_fraction(5)                         # 生成器函数创建生成器 fraction
result=[fr for fr in fraction]                   # 生成器迭代工具作用下,产生分数数列
fraction=gen_fraction(5)                         # 生成器函数创建生成器 fraction
result=[]                                        # 分数数列
for_in range(5):                                 # 迭代5次
    result.append(next(fraction))                # 每次获取一个分数
```

上述程序功能相同,但实现思路不同。前两者是 fraction 函数反复调用,每次调用生成1个分数,而最后者利用默认顺序(索引)迭代依次生成分数并返回,因此效率最佳。

10. 求和 $s_n=\frac{1}{1}+\frac{1}{1+2}+\frac{1}{1+2+3}+\cdots+\frac{1}{1+2+3+\cdots+n}$。输入 n,输出 s_n。

要求:(1)采用生成器设计分数生成;(2)采用 sum 函数求和。

```
def gen_fraction(n):                             # 生成器函数
    fm=1                                         # 分母
    yield 1/fm                                   # 分数
    for i in range(2,n+1):                       # 1~n项
        fm+=i                                    # 分母累加
        yield 1/fm                               # 分数
def mymain():                                    # 主函数
    n=int(input("n="))                           # 输入
    fraction=gen_fraction(n)                     # 生成器
    fract_list=[fr for fr in fraction]           # 分数列表
    sn=sum(fract_list)                           # 求和
    print(sn)                                    # 输出
```

注意:与第4章习题算法对比。

第7章 面向对象程序设计

【习题七解答】

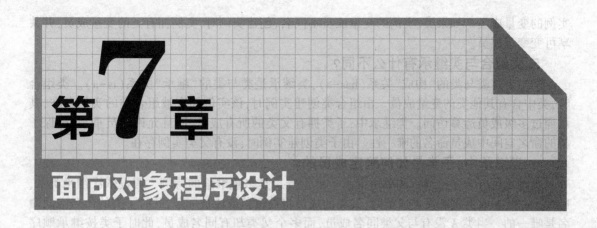

1. 从数据组织和存储形式，简述类的特点。

客观世界信息可以抽象为数据类型，或说数据类型是用于描述客观世界。客观世界复杂性，需要有多种形式的数据类型。基本简单数据类型对应面值数据，其存储单元不再细分。基本聚合数据类型对应线性存储结构或哈希存储结构，表示批量数据，通过下标或键可以索引。类是自定义的构造数据类型，可划分为多个成员，或说多个成员构成类。基本简单数据类型、基本聚合数据类型和类数据类型是三个基本形式的数据类型，进一步可组合成更复杂的数据类型。

2. 简要说明类、对象、实例的关系。

类是自定义的构造数据类型，可包含变量成员和成员函数。对象是属于类的个体，其拥有类的变量成员和成员函数，也可以有自己的变量成员。实例是具体化后的对象，也就是每个实例的成员可以不同。三者的关系就是数据类型、变量、有值的变量。实例也是一种数据，因此实例也可以作为函数参数和返回值。

3. 实例是如何创建的？

实例由类构造函数创建。构造函数自动调用初始化函数__init__实现实例的初始化。通过赋值，实例名（变量名）可以引用实例。当没有实例名引用实例时，Python 解释环境自动启动析构函数撤销、回收实例所占用的存储单元。

4. 类变量成员和实例变量成员的特点是什么？

类定义时可定义类的变量成员，也可定义实例的变量成员。当只有类变量成员，没有实例变量成员时，由类创建的实例拥有类的变量成员及其值（成员函数是类成员函数的拷贝）。此时，所有实例拥有类的所有变量成员，并且类、实例共享可变变量成员，而基本简单数据类型变量成员各自独立。也可通过初始化函数__init__初始化实例的类变量成员。

当只有实例变量成员，没有类的变量成员时，由类创建实例时，各实例拥有各自独立的变量成员，即使变量成员是可变变量也是各自独立、互不关联。也可通过初始化函数__init__初始化实例的变量成员。

当类和实例拥有同名的变量成员时，由类创建实例时，对于可变变量成员，类和实例共享，对于基本简单数据类型的变量成员各自独立、互不关联。也可通过初始化函数__init__初始化实例的变量成员。如果类、实例的变量成员不同名,创建实例时,实例拥有类的变量成员,并共享可变变量成员。

5. 类组合与类继承有什么不同?

类组合是类与类的“构成”关系(has-a),类继承是类与类的“继承”关系(is-a)。类组合时,类中含有其他类的变量成员。由组合类创建实例时,该实例拥有被组合类的实例存在,其可通过多级成员运算访问。类继承中,子类拥有父类的所有成员,而且允许成员重载,确保子类的命名空间中成员命名的唯一性。由子类创建实例时,没有父类实例存在。

6. 类继承中,子类是如何确定成员的?

类继承可分为多重继承和单重继承。单重继承是多重继承的特例。假设依次继承类 A、B、C、…,当 A 成员重载父类成员时,父类的成员将被覆盖或说被屏蔽,此时子类的命名空间命名是唯一的。当类 A 没有与父类同名成员,而多个父类却有同名成员,此时子类按继承顺序继承第 1 次出现的成员,而覆盖或说屏蔽了其他父类的同名成员,确保子类的命名空间命名的唯一性。对子类来说,也是另一种形式的成员重载。

7. 什么是对象封装? 什么是对象多态?

对象是数据与方法的统一体,体现为变量成员和成员函数,两者统称为属性或成员。为了增加对象的安全性,采用“私有成员”和“公有成员”。对“公有成员”,其以字母开头的标识符,通过成员运算符可以访问。对“私有成员”,其以__(两个下划线)开头的标识符,不可用成员运算符访问,只能由对象的成员函数访问,以增加成员安全,这种机制称为对象封装。对于同名的不同成员函数(不同过程),对象可以自己选取相应的过程(函数)执行。这可提供统一接口形式,增加程序可读性。

8. 简述成员函数的特点。

类和实例可以有成员函数。成员函数可分为 3 种。实例成员函数定义时含有一个实例参数 self,而且为第 1 个参数。实例成员函数可以访问类变量成员和实例变量成员。类变量成员是所有类创建的实例和类(也是对象)所用共享,而且初始化 1 次,实例成员函数可以更新类变量成员,但实例的成员运算不可更新该成员,而类(也是对象)则可以通过成员运算更新该成员。此时,类成员函数与实例成员函数不是同一个成员函数(函数地址不同)。

类成员函数需要进行 classmethod 声明,此后类成员函数也是实例的成员函数(地址相同),对类成员变量可进行相同的访问,类及其实例都是类成员函数的实例。

静态函数定义形式是在类定义中没有类和实例参数的函数(与一般函数相同形式),其需要 staticmethod 声明,可对类变量成员进行访问,其性质与类成员函数相同。

9. 解释运算符、内置函数的重载。

运算处理数据是计算机基本功能。Python 语言是面向对象语言,同时 Python 解释环境也是基于面向对象构建的,任何数据都是对象。为了增强程序的可读性,Python 提供传统直观的运算符、内置函数表示数据运算处理。实际上,这些运算处理都是对象的特殊成员函数的别名,也就是在程序中用运算符、内置函数时,这些运算符、内置函数都会被实例对象中相应的特殊成员函数所拦截并自动运行。为了完成特定逻辑业务,可以对特殊成员函数进行重新定义,放弃原有功能,但还保留原有的运算符、内置函数使用形式,即实现运算符、内置函数的重载。

10. 内置函数 str、repr 的重载有什么不同?

str、repr 函数对应特殊成员函数为_str_、_repr_,实现在不同情况下实例转换为字符串。在 Python 解释环境中,实例 x 自动调用_repr_转换为字符串,而在 print 函数中实例 x 自动调用_str_转换为字符串。

11. 简述异常捕获和处理。

程序可能发生的错误有三种：语言错误、逻辑错误和运行错误。运行错误具有很大随机性，也称为运行异常（简称异常）。Python 解释环境中有一套“异常监听—捕获—识别—处理”机制，即 try-except-else-finally。异常由异常类型表示，其为类，可以采用类继承机制自定义异常，然后通过 raise 语句或 assert 语句抛出异常。异常捕获和处理可在程序运行中检测、捕获、识别和处理，从而确保程序不被中断，提高软件稳定性、可靠性和软件质量。

12. 同学通讯录管理。通讯录内容包括单位、姓名、职务、办公电话、手机、电子邮箱、单位地址、邮政编码。实现同学信息的录入、查询、删除、显示。

```
class mateinfo:                                                    # 同学信息
    def __init__(self,uni,name,title,tel,mobile,email,address,zcode):
        self.uni=uni;  self.name=name                              # 每个信息
        self.title=title;  self.tel=tel
        self.mobile=mobile;  self.email=email
        self.address=address;  self.zcode=zcode
    def display(self):                                             # 显示信息
        print("|%s"%self.uni,end="")                               # 显示每个值
        print("|%s"%self.name,end="");print("|%s"%self.title,end="")
        print("|%s"%self.tel,end="");  print("|%s"%self.mobile,end="")
        print("|%s"%self.email,end="");print("|%s"%self.address,end="")
        print("|%s"%self.zcode,end="|\n")
class matetable:
    def __init__(self):
        self.classmate_table=[]                                    # 通讯录
    def addrecord(self,record):                                    # 增加一个记录
        self.classmate_table.append(record)
    def InputRecord(self):                                         # 输入信息
      while True:
            record=input("输入记录(用逗号分开):")
            record=record.split(",")                               # 字符串分开每个信息,列表
            record=mateinfo(*record)                               # 创建记录
            self.addrecord(record)                                 # 加入记录(列表)
            yesno=input("还输入同学记录吗?(y或n)")                  # 继续加入记录吗?
            if yesno.upper()not in ["Y","YES"]:break               # 不再加入记录
    def FindRecord(self):                                          # 按姓名查找
        name=input("输入姓名:")
        found_records=[]                                           # 收集多个同名记录
        for record in self.classmate_table:                        # 每个记录
            if record.name==name:                                  # 找到记录
                found_records.append(record)                       # 收集记录
        if found_records!=[]:                                      # 找到记录吗?
            for record in found_records:                           # 显示每个记录
                record.display()
        else:
            print("没找到%s的学生!"%name)
        print("查找结束!")
    def DeleteRecord(self):                                        # 按姓名删除
```

```
            name=input("输入姓名:")                           # 输入姓名
            flag=False                                        # 默认没有该学生
            no=0                                              # 多个同名记录
            for record in self.classmate_table:               # 每个记录
                if name==record.name:                         # 查找
                    no+=1
                    flag=True                                 # 找到,修改标记
                    print("第%d 记录"%no)                      # 第几个同名记录
                    record.display()
                    yn=input("第%d 记录,确认删除吗?(y/n)"%no).upper()
                    if yn in ["Y","YES"]:
                        record_del=record                     # 记住被删除记录
                        index=self.classmate_table.index(record) # 定位删除位置
                        self.classmate_table.pop(index)       # 删除记录
            if flag==False:                                   # 没找到学生
                    print("没找到姓名%s 的学生!"%name)         # 输出没找到信息
            print("删除结束!")                                 # 删除结束
        def Display(self):                                    # 显示每个记录
            for record in self.classmate_table:
                record.display()
class mymenu:                                                 # 主菜单
        def __init__(self):
            self.matetable=matetable()                        # 创建通讯录
            while True:                                       # 显示主菜单
                print("======主菜单======")
                print("1.增加记录")
                print("2.查询记录")
                print("3.删除记录")
                print("4.显示记录")
                print("5.退出")
                num=input("请选择功能?(输入数字:1、2、3、4、5):")
                if int(num)not in range(1,5):break            # 选择菜单
                if num=="1":                                  # 增加记录
                    self.matetable.InputRecord()
                elif num=="2":                                # 查询记录
                    self.matetable.FindRecord()
                elif num=="3":                                # 删除记录
                    self.matetable.DeleteRecord()
                elif num=="4":                                # 显示记录
                    self.matetable.Display()
mymenu()                                                      # 创建一个通讯录
```

mateinfo、matetable、menu 类分别表示同学信息、通讯录和菜单。对比习题五第 14 题采用模块设计,采用面向对象设计集成度更高。

13. 略。

第8章

数据文件处理

【习题八解答】

1. Python 有哪些文件类型？

Python 的文件类型有文本文件(ASCII 文件)和二进制文件。

2. 什么是文件读写缓冲区？

打开文件时，文件系统自动开辟相应的输入或输出缓冲区。从外存读入或向外存写出以数据块为单位(如 512KB)，可以解决内外存速度不匹配难题。实际上，程序中的读/写函数是从缓冲区进行读/写的。Python 可以缺省或自定义缓冲区，也可以不设置缓冲区。

3. 文件读写时，为什么要关注当前“访问位置”？

当前访问位置是文件读写数据的位置。通过重定位当前访问位置，可实现随机读写。

4. 文件对象有什么作用？

Python 提供了 TextIOWrapper 文本文件读写类、BufferedReader 二进制文件读入类、BufferedWriter 二进制文件写出类用于描述读写文件的信息。打开文件时，创建文件读写类的对象(文件对象)，记录打开文件的信息，维持外存与内存(缓冲区)的联系，因此，通过文件对象可以实现文件访问。有关文件访问函数只要涉及文件对象即可。

5. 为什么要对文件打开和关闭？

打开文件是为建立文件对象与文件的联系、开辟缓冲区。缓冲区与外存是以数据块为单位读/写的，也就是缓冲区为空或满时才进行内外存的数据交互。当文件关闭时，不满的缓冲区也要强制导出数据，这样确保数据不丢失，同时使文件对象(变量)恢复为未赋值状态(即文件变量脱解)。

6. 文本文件读写有哪两种方式？

文本文件字符串读写和文本文件字符流读写。文本文件字符串读写函数：print、readline、readlines 以及 read 函数。本文件字符流读写函数：write、writelines、read 函数。迄今见到的文件读写主要还是字符串、字节串的读写。当读写涉及数值数据时需要按“数值⇔字符串⇔文本文件”相互转换，或按“数值⇔字符串⇔字节串⇔二进制文件”相互转换。

7. 二进制文件访问有哪些方式？

由于 Python 采用 Unicode 编码，即使同一字符串 Unicode 编码不同，其字节串也不同。按字节串形式进行二进制文件读写，其函数有 read、write。按格式化字节串读写函数 pack、unpack，即将数据按格式进行打包/解包形成字节串后再利用 read、write 读写。

8. 顺序文件读写与随机文件读写的特点是什么？

文件对象记录着文件当前“访问位置”。当文件进行一次读写后，文件当前“访问位置”自动后移。顺序文件读写是内存数据与文件数据的顺序性是一致的，也就是数据读写过程没有重新定位而是直接读写。随机文件读写是在文件读写过程中重新定位文件当前“访问位置”再进行读写的，它主要用到 seek 函数（重定位函数）和 tell 函数（获取绝对位置函数）。

9. 简述文件路径及其操作。

除了访问文件外，Python 解释环境还提供 os 模块（Operation System，操作系统），实现对目录（即文件夹）、文件的操作。逻辑上，操作系统逐层划分存储设备（如硬盘），并按区块管理。文件存放在具体区块中，每个区块进行命名形成目录名，因此目录也称为文件夹，并形成层次结构（如树状结构）。通过盘符、目录名系列（即路径）、文件名可以索引到区块（目录）和文件。通过 os 模块的 os 或 path 对象（路径），可以操作存储设备、目录（即文件夹）、路径和判断目录属性（如是否存在、是否可修改等）以及进行文件更名、删除等操作。

10. 简述数据文件的操作流程。

通过“文件路径操作”建立文件夹，采用“文件打开”建立文件与“文件对象”的关联关系，在后续借助于“文件对象”进行文件访问（读写、定位），最后用“文件关闭”完成文件访问。

11. 设计同学通讯录，包括单位、姓名、职务、办公电话、手机、电子邮箱、单位地址、邮政编码等信息。要求：(1) 实现具有增加、删除、查找、显示功能；(2) 采用文本文件保存同学通讯录；(3) 从键盘输入信息分别建立文本文件。

```
class mateinfo:                                                          # 同学信息
    def __init__(self,uni,name,title,tel,mobile,email,address,zcode):
        self.uni=uni;self.name=name                                      # 每个信息
        self.title=title;self.tel=tel
        self.mobile=mobile;self.email=email
        self.address=address;self.zcode=zcode
    def display(self):                                                   # 显示信息
        print("|%s"%self.uni,end="")                                     # 显示每个值
        print("|%s"%self.name,end="");print("|%s"%self.title,end="")
        print("|%s"%self.tel,end="");print("|%s"%self.mobile,end="")
        print("|%s"%self.email,end="");print("|%s"%self.address,end="")
        print("|%s"%self.zcode,end="|\n")
class matetable:
    def __init__(self):
        self.classmate_table=[]                                          # 通讯录
    def addrecord(self,record):                                          # 增加一个记录
        self.classmate_table.append(record)
    def InputRecord(self):                                               # 输入信息
      while True:
            record=input("输入记录(用逗号分开):")
            record=record.split(",")                                     # 字符串分开每个信息,列表
            record=mateinfo(*record)                                     # 创建记录
            self.addrecord(record)                                       # 加入记录(列表)
            yesno=input("还输入同学记录吗?(y或n)")                        # 继续加入记录吗?
```

```
            if yesno.upper() not in ["Y","YES"]:break                   # 不再加入记录
    def FindRecord(self):                                               # 按姓名查找
        name=input("输入姓名:")
        found_records=[]                                                # 收集多个同名记录
        for record in self.classmate_table:                             # 每个记录
            if record.name==name:                                       # 找到记录
                found_records.append(record)                            # 收集记录
        if found_records!=[]:                                           # 找到记录吗?
            for record in found_records:                                # 显示每个记录
                record.display()
        else:
            print("没找到%s 的学生!"%name)
        print("查找结束!")
    def DeleteRecord(self):                                             # 按姓名删除
        name=input("输入姓名:")                                          # 输入姓名
        flag=False                                                      # 默认没有该学生
        no=0                                                            # 多个同名记录
        for record in self.classmate_table:                             # 每个记录
            if name==record.name:                                       # 查找
                no+=1
                flag=True                                               # 找到,修改标记
                print("第%d 记录"%no)                                    # 第几个同名记录
                record.display()
                yn=input("第%d 记录,确认删除吗? (y/n)"%no).upper()
                if yn in ["Y","YES"]:
                    record_del=record                                   # 记住被删除记录
                    index=self.classmate_table.index(record)            # 定位删除位置
                    self.classmate_table.pop(index)                     # 删除记录
        if flag==False:                                                 # 没找到学生
                print("没找到姓名%s 的学生!"%name)                        # 输出没找到信息
        print("删除结束!")                                               # 删除结束
    def Display(self):                                                  # 显示每个记录
        for record in self.classmate_table:
            record.display()
class mymenu:                                                           # 主菜单
    def __init__(self,filepath):
        self.matetable=matetable()                                      # 创建通讯录
        flag=self.openfile(filepath)
        if flag==False:
            exit()
        while True:                                                     # 显示主菜单
            print("======主菜单======")
            print("1.增加记录")
            print("2.查询记录")
            print("3.删除记录")
            print("4.显示记录")
            print("5.退出")
            num=input("请选择功能? (输入数字:1、2、3、4、5):")
```

```
        if int(num) not in range(1,5):                  # 选择菜单
            self.closefile(filepath)                    # 同学信息存盘
            break                                       # 结束
        if num=="1":                                    # 增加记录
            self.matetable.InputRecord()
        elif num=="2":                                  # 查询记录
            self.matetable.FindRecord()
        elif num=="3":                                  # 删除记录
            self.matetable.DeleteRecord()
        elif num=="4":                                  # 显示记录
            self.matetable.Display()
def openfile(self,filepath):                            # 打开文件读入记录
    try:
        myfile=open(filepath,"r")                       # 打开通讯录文件
        flag=True
        while True:                                     # 读取通讯录文件中所有记录
            record=myfile.readline()                    # 读取一个记录
            if record=="":break                         # 记录为空,没有记录
            record=record[0:len(record)-1]              # 去掉"\n\n"
            record=record.split(",")                    # 字符串分开每个信息,列表
            record=mateinfo(*record)                    # 创建记录
            self.matetable.addrecord(record)            # 加入记录(列表)
        myfile.close()                                  # 关闭文件
    except FileNotFoundError:                           # 首次使用,文件不存在
            flag=True
    except:
            print("文件没能打开!")
            flag=False
    finally:
        return flag
def closefile(self,filepath):                           # 打开文件写出记录
    try:
        myfile=open(filepath,"w")
        flag=True
        for record in self.matetable.classmate_table:   # 每个记录存盘
            print("%s"%record.uni,file=myfile,end=",")  # 写出每个值
            print("%s"%record.name,file=myfile,end=",")
            print("%s"%record.title,file=myfile,end=",")
            print("%s"%record.tel,file=myfile,end=",")
            print("%s"%record.mobile,file=myfile,end=",")
            print("%s"%record.email,file=myfile,end=",")
            print("%s"%record.address,file=myfile,end=",")
            print("%s"%record.zcode,file=myfile,end="\n")
        myfile.close()
    except:
        print("文件没能打开!")
        flag=False
    finally:
```

```
            return flag
mymenu("d:\\python3\\python_ex_ex\\classmatetable.txt")
```

对比习题七第 14 题,程序中 mymenu 类中增加了 fileopen、fileclose 成员函数。fileopen 函数从文件中读入同学信息到 matetable 实例中,实现后续对 matetable 增加、删除、查找、显示的操作。fileclose 函数将 matetable 信息写出到文件中。对 fileopen、fileclose 函数的修改可分别实现二进制。

第二篇

典型例题解析与习题

第1章 Python语言与程序设计

【典型例题解析】

1. 什么是计算机语言？什么是计算机高级语言？

【答案】计算机语言(Computer Language)指用于人与计算机之间通讯的语言。计算机语言是人与计算机之间传递信息的媒介。计算机系统最大特征是指令通过一种语言传达给机器。为了使电子计算机进行各种工作,就需要有一套用以编写计算机程序的数字、字符和语法规划,由这些字符和语法规则组成计算机各种指令(或各种语句)。

计算机所能识别的语言只有机器语言,即由0和1构成的代码。计算机语言包括机器语言、汇编语言和高级语言。但通常人们编程时,不采用机器语言和汇编语言,因为它们非常难于记忆和识别。高级语言比较容易识记和理解,常用的例如Python语言、C语言等。

2. Python语言的特点是什么？试进行归纳总结。

【答案】(1)简单易学:设计原则"简单、优雅、明确";易于学习:较少的关键字,结构简单;易于阅读:Python代码定义更清晰;易于维护:源代码容易维护。(2)解释型语言:解释型语言是被解释器边解释边执行。常见解释型语言有Python、PHP、SQL等。(3)胶水语言:在程序设计中,胶水语言就是可以和其他语言组合在一起形成更大模块的语言,即具有很好的扩展性。例如Python就很容易调用C++或者Java语言编写的模块;(4)面向对象语言:Python是一门面向对象语言,可以对现实事物、问题进行抽象编程,包含C++、Java中的类概念。(5)具有丰富的编程库:Python提供很多便于编程的库,比如文件解析、数学计算等,并且提供了很方便的安装工具(pip),使用起来非常方便。但必须强调的是,任何事物都有其两面性。现成的东西越多,对于一个初学编程的人来说其实越不好。因为你只知道去用,而不会去思考是如何实现的(这是惰性)。所以个人建议可以去用这些库来完成工作。但在学习的角度上来看,还是要去学习其原理性的东西。

3. 什么是程序？什么是算法？二者有什么区别和联系？

【答案】程序是计算机指令的有序集合,是算法用某种程序设计语言的表述,是算法在计算机上的具体实现。算法可以理解为有基本运算及规定的运算顺序所构成的完整的解题步骤,或者看成按照要求设计好的有限的确切的计算序列,并且这样的步骤和序列可以解决一类问题。

算法和程序的区别与联系：

(1)算法在描述上一般使用半形式化的语言，而程序是用形式化的计算机语言描述的。

(2)程序是计算机指令的有序集合。

(3)程序并不都满足算法所要求的特征，例如操作系统是一个在无限循环中执行的程序，因而不是一个算法。

(4)一个算法可以用不同的编程语言编写出不同的程序。

(5)算法是解决问题的步骤；程序是算法的代码实现。

(6)算法要依靠程序来完成功能；程序需要算法作为灵魂。

(7)程序=算法+数据结构。

4. 面向对象程序设计的优点是什么？

【答案】面向对象程序设计就是对象加消息。第一，程序一般由类的定义和使用两部分组成，而类的实例即对象；第二，程序中的一切操作都是通过对象发送消息来实现的，对象接收消息后，启动有关方法完成相应的操作。使用面向对象思想进行开发有以下优点：

(1)易维护。采用面向对象思想设计的结构，可读性高，由于继承的存在，即使改变需求，维护也只是在局部模块，所以维护起来是非常方便和较低成本的。

(2)质量高。在设计时，可重用现有的、在以前的项目的领域中已被测试过的类使系统满足业务需求并具有较高的质量。

(3)效率高。在软件开发时，根据设计的需要对现实世界的事物进行抽象，产生类。使用这样的方法解决问题，接近于日常生活和自然的思考方式，势必提高软件开发的效率和质量。

(4)易扩展。由于继承、封装、多态的特性，自然设计出高内聚、低耦合的系统结构，使得系统更灵活、更容易扩展，而且成本较低。

5. 软件开发要经历哪些过程？试进行简单阐述。

【答案】做什么事都需要一个流程，软件开发也不例外。完成一个复杂的大型软件开发，往往需要经历以下几个过程：

需求分析。从客户手里初步了解初步的需求，整理相关的资料，对于需求做一个简单的明确和认识。和客户进行沟通确认，产品经理做出原型图，然后和客户进行确认，再进一步明确需求，产品原型要覆盖广且全面一些，项目需求早些明确，便于后期开发。

概要设计。开发人员对接原型可以进行简单的设计，可以从数据库选型、技术选型、系统流程、技术的运用来做一个简单的梳理。这点很重要，要为接下来的详细开发奠定基础。

详细设计。概要设计结束后，要进行详细设计工作，对产品的流程、逻辑和技术运用，进行详细的分析。产品的大模块、小模块、每一个逻辑的分支都要考虑全面，详细设计越详细，编码工作越细致。

编码实现。之前技术选型确定，数据库、服务器这些都准备完毕。编码工作就要严格按照详细设计做，碰到有问题的及时详细和设计人员沟通，及时修改和确认。另外，BUG 是永远绕不开的问题，减少 BUG 的量是程序员的重要基本功。

测试。除了开发人员自己的代码测试之外，软件开发中有很多的白盒测试、黑盒测试、压力测试等。另外还需要专业的测试人员，比如前后分离的项目需要一起联合测试。总之一句话，测试不可少，也不能少。

验收和维护。开发和测试结束之后，最终就要交给客户验收。产品上线后也会出现很多问题，毕竟有些东西只有线上环境才会出现。因此要注意及时更新和维护。

【习题】

1. 简要叙述 Python 语言的历史。
2. Python 语言的应用场景有哪些？请进行简要说明。
3. 什么是模块化程序设计？
4. 什么是面向对象程序设计？
5. 面向对象程序设计有哪些特点？
6. 什么是解释型语言？什么是编译型语言？二者有什么区别？

【习题参考答案】

1. Python 由 Guido van Rossum 于 1989 年年底出于某种娱乐目的而开发。Python 语言是基于 ABC 教学语言的，而 ABC 这种语言非常强大，是专门为非专业程序员设计的。但 ABC 语言并没有获得广泛的应用，Guido 认为是非开放造成的。Python 的“出身”部分影响了它的流行，Python 上手非常简单，它的语法非常像自然语言，对非软件专业人士而言，选择 Python 的成本最低，因此某些医学甚至艺术专业背景的人，往往会选择 Python 作为编程语言。

Guido 在 Python 中避免了 ABC 不够开放的劣势，加强了 Python 和其他语言如 C、C++和 Java 的结合性。此外，Python 还实现了许多 ABC 中未曾实现的东西，这些因素大大提高了 Python 的流行程度。

2008 年 12 月，Python 发布了 3.0 版本（也常常被称为 Python 3000，或简称 Py3k）。Python 3.0 是一次重大的升级，为了避免引入历史包袱，Python 3.0 没有考虑与 Python 2.x 的兼容。这样导致很长时间以来，Python 2.x 的用户不愿意升级到 Python 3.0，这种割裂一度影响了 Python 的应用。

毕竟大势不可抵挡，开发者逐渐发现 Python 3.x 更简洁、更方便。现在，绝大部分开发者已经从 Python 2.x 转移到 Python 3.x，但有些早期的 Python 程序可能依然使用了 Python 2.x 语法。

2009 年 6 月，Python 发布了 3.1 版本。

2011 年 2 月，Python 发布了 3.2 版本。

2012 年 9 月，Python 发布了 3.3 版本。

2014 年 3 月，Python 发布了 3.4 版本。

2015 年 9 月，Python 发布了 3.5 版本。

2016 年 12 月，Python 发布了 3.6 版本。

……

2. 系统编程：提供 API（Application Programming Interface，应用程序编程接口），能方便进行系统维护和管理，Linux 下标志性语言之一，是很多系统管理员理想的编程工具。

图形处理：有 PIL、Tkinter 等图形库支持，能方便进行图形处理。

数学处理：NumPy 扩展提供大量与标准数学库的接口。

文本处理：Python 提供的 re 模块能支持正则表达式，还提供 SGML、XML 分析模块，许多程序员利用 Python 进行 XML 程序的开发。

数据库编程：程序员可通过遵循 PythonDB-API（数据库应用程序编程接口）规范的模块与 Microsoft SQLServer、Oracle、Sybase、DB2、MySQL、SQLite 等数据库通信。Python 自带有一个 Gadfly 模块，提供了一个完整的 SQL 环境。

网络编程：提供丰富的模块支持 sockets 编程，能方便快速地开发分布式应用程序。很多大规模软件开发计划例如 Zope、Mnet 及 BitTorrent. Google 都在广泛地使用它。

Web 编程：应用的开发语言，支持最新的 XML 技术。

多媒体应用：Python 的 PyOpenGL 模块封装了“OpenGL 应用程序编程接口”，能进行二维和三维图像处理。PyGame 模块可用于编写游戏软件。

3. 模块化程序设计是指在进行程序设计时将一个大程序按照功能划分为若干小程序模块，每个小程序模块完成一个确定的功能，并在这些模块之间建立必要的联系，通过模块的互相协作完成整个功能的程序设计方法。其思想是在设计较复杂的程序时，一般采用自顶向下的方法，将问题划分为几个部分，各个部分再进行细化，直到分解为较好解决问题为止。模块化设计，简单地说就是程序的编写不是一开始就逐条录入计算机语句和指令，而是首先用主程序、子程序、子过程等框架把软件的主要结构和流程描述出来，并定义和调试好各个框架之间的输入、输出链接关系逐步求精的结果，是得到一系列以功能块为单位的算法描述。以功能块为单位进行程序设计，实现其求解算法的方法称为模块化。模块化的目的是降低程序复杂度，使程序设计、调试和维护等操作简单化。

4. 面向对象程序设计（Object Oriented Programming，OOP）作为一种新方法，其本质是以建立模型体现出来的抽象思维过程和面向对象的方法。OOP 是一种计算机编程架构，它的一条基本原则是计算机程序由单个能够起到子程序作用的单元或对象组合而成。OOP 达到了软件工程的三个主要目标：重用性、灵活性和扩展性。OOP = 对象+类+继承+多态+消息，其中核心概念是类和对象。

5. 面向对象程序设计有三大特征：封装（Encapsulation）、继承（Inheritance）、多态性（Polymorphism）。封装是指将某事物的属性和行为包装到对象中，这个对象只对外公布需要公开的属性和行为，而这个公布也是可以有选择性地公布给其他对象。在 Java 中能使用 private、protected、public 三种修饰符或不用（即默认 defalut）对外部对象访问该对象的属性和行为进行限制。继承是子对象可以继承父对象的属性和行为，也即父对象拥有的属性和行为，其子对象也就拥有了这些属性和行为。这非常类似大自然中的物种遗传。多态性是指允许不同类的对象对同一消息作出响应，比如同样的加法，把两个时间加在一起和把两个整数加在一起肯定完全不同；又比如，同样的选择编辑—粘贴操作，在字处理程序和绘图程序中有不同的效果。多态性包括参数化多态性和包含多态性。多态性语言具有灵活、抽象、行为共享、代码共享的优势，很好地解决了应用程序函数同名问题。

6. 计算机是不能理解高级语言的，更不能直接执行高级语言，它只能直接理解机器语言，所以使用任何高级语言编写的程序若想被计算机运行，都必须将其转换成计算机语言，也就是机器码。而这种转换的方式有两种——编译和解释，由此高级语言也分为编译型语言和解释型语言。

编译型语言使用专门的编译器，针对特定的平台，将高级语言源代码一次性编译成可被该平台硬件执行的机器码，并包装成该平台所能识别的可执行性程序的格式。

解释型语言使用专门的解释器对源程序逐行解释成特定平台的机器码并立即执行，是代码在执行时才被解释器一行行动态翻译和执行，而不是在执行之前就完成翻译。

编译型与解释型，两者各有利弊。前者由于程序执行速度快，同等条件下对系统要求较低，因此像开发操作系统、大型应用程序、数据库系统等时都采用它，像 C/C++、Pascal/Object Pascal(Delphi)等都是编译语言，而一些网页脚本、服务器脚本及辅助开发接口这样对速度要求不高、对不同系统平台间的兼容性有一定要求的程序则通常使用解释性语言，如 Java、JavaScript、VBScript、Perl、Python、Ruby、MATLAB 等。

第2章 Python语言基础

【典型例题解析】

一、选择题

1. 以下变量名中，不符合 Python 语言变量命名规则的是(　　)。

A. if_1　　B. 变量　　C. If　　D. if

解析：本题考查的是 Python 语言的标识符问题。Python 语言的标识符的命名规则是由字母、数字、下划线(_)组成的，且只能以字母、下划线开头(此处的字母并不局限于 26 个英文字母，可以包含中文字符、日文字符等。由于 Python 3 支持 UTF-8 字符集，因此 Python 3 的标识符可以使用 UTF-8 所能表示的多种语言的字符。)；标识符不能使用 Python 语言的关键字；标识符中不能包含空格、@、%以及 $ 等特殊字符；Python 语言大小写敏感(a 和 A 是两个不同的标识符)。D 选项中的 if 为 Python 关键字，C 选项中 If 由于首字母为大写，与关键字 if 并不相同。故答案为 D。

答案：D

2. 以下不是 Python 数据类型的是(　　)。

A. 实数型　　B. 浮点型　　C. 整型　　D. 复数型

解析：本题考查的是 Python 基本数据类型。Python 的基本数据类型有整型、浮点型、复数型、布尔型，没有实数型这种类型，实数可以通过浮点型、整型、复数型表示出来。

答案：A

3. 以下选项不是 Python 语言的整数类型的是(　　)。

A. 0B1010　　B. 0o88　　C. 0x9a　　D. 5e4

解析：本题考查的是 Python 整型。选项 A 为二进制数，表示正确；选项 B 为八进制数，八进制为逢 8 进 1，故数字中不可能出现数字 8，表示错误；选项 C 为十六进制数，表示正确；选项 D 为科学记数法，5e4 表示 5×10^4。故答案为 B。

答案：B

4. Python 中代表“等于”的关系运算符是(　　)。

A. ==　　B. =　　C. <=　　D. >=

解析：本题考查的是 Python 关系运算符。在 Python 中两个等于号==表示等号，一个等于号=表示赋值。

答案:A

5. 表达式'0.1+0.2==0.3'的值是(　　)。

A. True　　B. False　　C. 1　　D. 0

解析:本题考查的是 Python 关系表达式以及浮点数运算机制。Python 语言有布尔型,布尔型只有两个值 True 和 False,虽然 True 等价于 1,False 等价于 0,但 True 和 1 仍然是两种不同类型的值;关系表达式的运算结果为布尔型,首先排除 C 选项和 D 选项。计算机中的数字都以二进制进行存储和运算,0.1+0.2 的时候二进制值为无限循环(详细过程可参考离散数学,这里不再赘述),转十进制尾数截断产生了进位,实际结果为 0.30000000000000004,而直接表达 0.3 的时候则没有截断产生误差,故答案为 B。如果要想判断 0.1+0.2==0.3,应该写成形如 abs(0.1+0.2-0.3)<1e-6 的形式。

答案:B

6. 整型变量 x 中存放了一个两位数,要将这个两位数的个位数字和十位数字交换位置,例如,14 变成 41,则正确的 Python 表达式是(　　)。

A. (x%10)*10+x//10　　B. (x%10)//10+x//10

C. (x/10)%10+x//10　　D. (x%10)*10+x%10

解析:本题考查的是 Python 常用算术运算符以及算术表达式运算规则。针对这道题,首先要理解%、*、//、/这几个算术运算符的含义,%表示求余运算,*表示实数相乘,//表示整除结果为整数,/表示实数除。接下来要清楚算术运算符的优先级,圆括号()的优先级最高,接下来是%、*、//、/(优先级相同),加号+优先级最低;当优先级相同时,从左往右依次运算。根据以上规则,我们将 14 代入各个选项中,只有 A 选项满足题目要求。

答案:A

7. 设有变量赋值 x=3.4;y=5.6;z=7.8,则以下的表达式中值为 True 的是(　　)。

A. z>x>y　　B. x!=y　　C. y>z or x>y　　D. x<y and not(x<z)

解析:本题考查的是 Python 关系运算和逻辑运算。逻辑运算符 or 表示当两边的运算数有一个为真即为真;逻辑运算符 and 表示当两边的运算数有一个为假即为假;逻辑运算符 not 表示运算数取反。A 选项中,由于 Python 支持链式比较,写法正确,但是 x>y 不成立;B 选项表示 x 和 y 不相等,成立;C 选项中,y>z 和 x>y 都不成立,逻辑或的结果也为假;D 选项中,x<y 成立,但 not(x<z)不成立,逻辑与的结果为假。故答案为 B。

答案:B

8. 以下表达式中值为 False 的是(　　)。

A. 3<2 and 2<1 or 5>4　　B. 3-2 << 1

C. 3-2<<1<3　　D. 1+3/2-3 % 2>2

解析:本题考查的是 Python 位运算以及混合运算。位运算为二进制运算符,<<表示左移一位,>>表示右移一位。优先级顺序为:算术运算符>位运算符>关系运算符>逻辑运算符。A 选项为关系运算与逻辑运算的混合运算,根据优先级先运算关系运算,结果为 False and False or True,逻辑运算符 and 的优先级高于 or,故先运算 False and False,得 False 后再与 True 进行或运算,结果为 True;B 选项为算术运算与位运算的混合运算,根据优先级先运算算术运算,故先运算 3-2 得 1,二进制 1 左移一位得 10,转为十进制为 2;C 选项为算术运算与位运算与关系运算的混合运算,由 B 选项可知 3-2<<1 的结果为 2,然后再进行 2<3 的运算,结果为 True;选项 D 为算术运算与关系运算的混合运算,先运算 1+3/2-3 % 2,结果为 1.5,1.5>2 的结果为 False。故答案为 D。

答案:D

9. 区分 Python 语言语句块的标记是(　　)。

A. 分号　　B. 逗号　　C. 缩进　　D. \

解析:本题考查的是 Python 基础语法规则。Python 语言通过不同的缩进来表示代码之间的逻辑关系,缩进一般为 4 个空格,但不强制为 4 个空格。\为换行符,即一行代码过长可以使用换行符后在第二行书写。

答案:C

10. 关于 Python 语言中的注释,以下描述错误的是(　　)。

A. 注释不会被执行,它为程序提供辅助性的说明

B. Python 语言中的单行注释以符号#开头

C. Python 语言总的多行注释以符号'''开头和结尾

D. Python 程序中必须有注释

解析:本题考查的是 Python 语言的注释方法。Python 语言中的注释以符号#开头,若要注释多行,可以使用字符串三双或三单引号表示。注释并不是程序必须的,只是为了方便程序员更好更快理解代码,适当的注释可以提高代码的可读性。

答案:D

二、填空题

1. Python 表达式 9.5/2 的值为____;Python 表达式 9.5//2 的值为____。

解析:本题考查的是/和//的区别。/表示的是实数除,运算结果与数学中实数除法的结果相同;//表示的是整除,返回不大于结果的一个最大的整数。

答案:4.75　4

2. 表达式'a' in 'abcd'的值为____;表达式[1] in [1,2,3,4]的值为____;表达式 2 not in [1,2,3,4]的值为____。

解析:本题考查的是成员运算符 in 和 not in 的用法。通过成员运算符 in 和 not in,我们可以确认一个值是否是另一个值的成员。字符串'a'是'abcd'的子字符串,结果为 True;[1]为列表类型,[1,2,3,4]中的成员 1 为数字类型,并不相等,结果为 False;2 是[1,2,3,4]中的成员,not in 表示不是,结果为 False。

答案:True　False　False

3. 表达式 chr(ord('D')+1)的值为____。

解析:本题考查的是 Python 内置函数 char()和 ord()的用法。ord()和 chr()是一对功能相反的函数,ord()用来返回单个字符的 Unicode 码,而 chr()则用来返回 Unicode 编码对应的字符。

答案:E

4. 表达式 int('10101',2)的值为____。

解析:本题考查的是 Python 内置函数 int()的用法。内置函数 int()用来将其他形式的数字转换为整数,参数可以为整数、实数、分数或合法的数字字符串。当参数为数字字符串时,还允许指定第二个参数 base 用来说明数字字符串的进制,base 的取值应为 0 或 2~36 之间的整数,其中 0 表示按数字字符串隐含的进制进行转换。int('10101',2)表示将二进制数 10101 转化为十进制。

答案:21

5. 一个数字 0____(是/不是)合法的 Python 表达式。

解析:本题考查的是 Python 表达式的定义。一个字符串常量或数字常量都可以构成一个最简单的 Python 表达式。

答案:是

6. 关系表达式'2' <'11'的结果为____。

解析：本题考查的是 Python 语言字符串比较大小。对于字符串比较大小而言，其实是比较字符串中的字符 unicode 码值的大小。比较首位字符的 unicode 码值，其比较结果即为字符串比较结果，如果出现字符相等的情况，则继续往后比较。字符'2'的 unicode 码值比字符'1'的 unicode 码值大，通过第一个字符我们就可以判定'2'>'11'，故答案为 False。

答案：False

7. 在 Python 解释器中，使用函数____，可以查看帮助系统；使用函数____，可以查看对象类型。

解析：本题考查的是 Python 语言的常用内置函数。函数 help( ) 可以进入帮助系统；函数 type( ) 可以返回一个数据对应的类型。

答案：help( )　type( )

三、读程序写结果

1. 写出以下程序的运行结果。

```
>>> L1 = [1,2,3]
>>> L2 = L1
>>> L1[1] = 6
>>> Sum = L1[1]+L2[1]
>>> print(Sum)
```

解析：本题考查的是 Python 基于值的存储方式。Python 中的变量并不直接存储值，而是存储了值的内存地址或者引用，可以形象地理解为变量名仅仅相当于一个标签，L2 = L1 也只是标签的传递，而列表[1,2,3]在内存中仍然是独一份的，也就是说 L1[1]和 L2[1]其实表示的是同一个值，所以当修改了 L1[1]的值，那么 L2[1]的值也随之改变。

答案：12

2. 写出以下程序的运行结果。

```
>>> a = 1
>>> b = ++a
>>>c = a+b
>>> print(c)
```

解析：本题考查的是 Python 基本运算符。这里一定要注意在 Python 中并不存在自增运算符(++)和自减运算符(--)，++a 中的++仅仅代表了两个正号。

答案：2

【习题】

一、选择题

1. 以下变量名中，不符合 Python 语言变量命名规则的是(　　)。

A. 123abc　　B. abc123　　C. _123abc　　D. abc_123

2. Python 中对变量描述错误的选项是(　　)。

A. Python 不需要显式声明变量类型，在变量赋值时由值决定变量的类型

B. 变量通过变量名访问
C. 变量必须在创建和赋值后使用
D. 变量 A 与变量 a 被看作相同的变量
3. 关于赋值语句，以下选项中描述错误的是(　　)。
A. 在 Python 语言中，可以同时给多个变量赋值
B. 执行 x，y=y，x；可以实现变量 x 和 y 值的互换
C. 在 Python 语言中，"="表示赋值，即将"="右侧的计算结果赋值给左侧变量，包含"="的语句称为赋值语句
D. "="和"=="是等价的，都表示赋值
4. 关于 Python 的数字类型，以下选项中描述错误的是(　　)。
A. Python 整数类型提供了 4 种进制表示：十进制、二进制、八进制和十六进制
B. Python 语言要求所有浮点数必须带有小数部分
C. Python 语言中，复数类型中实数部分和虚数部分的数值都是浮点类型，复数的虚数部分通过后缀"i"来表示虚部
D. Python 语言提供 int、float、complex 等数字类型
5. 以下选项中是正确的 Python 语言整数类型的是(　　)。
A. 0x11H　　B. 1. 234　　C. 6e6　　D. abc123
6. 下面代码的输出结果是(　　)。

```
>>>x=0x101
>>>print(x)
```

A. 101　　B. 5　　C. 257　　D. 65
7. 关于 Python 的复数类型，以下选项中描述错误的是(　　)。
A. 复数的虚数部分通过后缀"J"或者"j"来表示
B. 对于复数 z，可以用 z. real 获得它的实数部分
C. 对于复数 z，可以用 z. imag 获得它的实数部分
D. 复数类型表示数学中的复数
8. 关于 Python 语言的浮点数类型，以下选项中描述错误的是(　　)。
A. 浮点数类型表示带有小数的类型
B. 浮点数类型与数学中实数的概念一致
C. 小数部分不可以为 0
D. 标准库 fractions 提供的 Decimal 类实现了更高精度浮点数的运算
9. 下面代码的输出结果是(　　)。

```
>>>x=True
>>>print(type(x))
```

A. <class 'int'>　　B. <class 'float'>
C. <class 'bool'>　　D. <class 'complex'>
10. 以下选项中，正确地描述了浮点数 1. 0 和整数 1 相同性的是(　　)。
A. 它们具有相同的值
B. 它们具有相同的数据类型
C. 它们使用同一块内存单元
D. 它们使用相同的计算机指令处理方法
11. 关于 Python 语言算术运算操作符，以下选项中描述错误的是(　　)。

A. x/y 表示 x 与 y 之商

B. x ** y 表示 x 的 y 次幂

C. x%y 表示 x 与 y 之商的余数，也称为模运算，其中 y 必须为整数

D. x//y 表示 x 与 y 之整数商，即不大于 x 与 y 之商的最大整数

12. 设一年 365 天，第 1 天的能力值为基数记为 1.0。当好好学习时能力值相比前一天会提高百分之五。以下选项中，不能获得持续努力 2 年后的能力值的是(　　)。

A. 1.05 ** 365 * 2　　B. pow(1.05,365 * 2)

C. 1.05 ** (365 * 2)　　D. pow(1.0+0.05,365 * 2)

13. 以下选项中不是 Python 关系运算符的是(　　)。

A. <=　　B. >=　　C. !=　　D. =

14. 表达式'0.1 * 3==0.3'的值是(　　)。

A. True　　B. False　　C. 1　　D. 0

15. 表达式 10 is '10'的值是(　　)。

A. 10　　B. True　　C. False　　D. 执行错误

16. 设有变量赋值 x=3;y=3.4;z=6，则以下的表达式中值为 True 的是(　　)。

A. x<z<y　　B. x!=y　　C. y>z or x>y　　D. x<y and z<y

17. 以下选项中，输出结果是 False 的是(　　)。

A. 2 is not 3　　B. 2!=3　　C. True!=1　　D. 2 is 2

18. 关于 Python 语句 P+=P，以下选项中描述正确的是(　　)。

A. P 和正数 P 相等　　B. 等价于 P=P+P

C. 将 P 赋值给 P　　D. 该语句不改变 P 的值

19. 下面代码的输出结果是(　　)。

```
>>>x=11
>>>y=2
>>>print(divmod(x,y))
```

A. 1,5　　B. (1,5)　　C. 5,1　　D. (5,1)

20. 下面代码的执行结果是(　　)。

```
>>>abs(-4+3j)
```

A. 4.0　　B. 5.0　　C. 执行错误　　D. 3.0

21. 下面代码的输出结果是(　　)。

```
>>>x=3.1415926
>>>print(round(x,3),round(x))
```

A. 3.14 3　　B. 3.14 3.14　　C. 3.141 3　　D. 3.142 3

22. 以下选项中值为 False 的是(　　)。

A. '100' <'11'　　B. ''<'a'　　C. 'abc'>'abc'　　D. 'abcd'<'ad'

23. 下列表达式的运算结果是(　　)。

```
>>> a=100
>>> b=False
>>> a * b >-1
```

A. False　　B. True　　C. 1　　D. 0

24. 以下关于 Python 内置函数的描述,错误的是(　　)。
A. help()返回系统帮助
B. type()返回一个数据对应的类型
C. sorted()对一个序列类型数据进行排序
D. id()返回一个数据的一个编号,跟其在内存中的地址无关
25. 以下选项中,Python 语言中代码注释使用的符号是(　　)。
A. :　　B. %　　C. #　　D. //
26. 关于 Python 程序格式框架的描述,以下选项中错误的是(　　)。
A. Python 语言的缩进在程序中强制使用
B. Python 语言缩进统一为 4 个空格
C. 选择、循环、函数等语法形式能够通过缩进一批 Python 代码,进而表达对应的语义
D. Python 单层缩进代码属于之前最邻近的一行非缩进代码,多层缩进代码根据缩进关系决定所属范围
27. 以下对 Python 程序设计风格描述错误的选项是(　　)。
A. Python 中不允许把多条语句写在同一行
B. Python 语句中,增加缩进表示语句块的开始,减少缩进表示语句块的退出
C. Python 可以将一条长语句分成多行显示,使用续行符'\'
D. 适当的注释可以提高代码的可读性
28. 以下对 Python 程序缩进格式描述错误的选项是(　　)。
A. 不需要缩进的代码顶行写,前面不能留空白
B. 缩进可以用 tab 键实现,也可以用多个空格实现
C. 严格的缩进可以约束程序结构,可以多层缩进
D. 缩进是用来美化 Python 程序格式的
29. 如果 Python 程序执行时,产生了"unexpected indent"的错误,其原因是(　　)。
A. 代码中使用了错误的关键字
B. 代码中缺少':'符号
C. 代码里的语句嵌套层次太多
D. 代码中出现了缩进不匹配的问题
30. 以下关于 Python 程序语法元素的描述,错误的选项是(　　)。
A. 段落格式有助于提高代码可读性和可维护性
B. 虽然 Python 支持中文变量名,但从兼容性角度考虑还是不要用中文名
C. 为了代码的可读性以及不出现错误,不要用内置函数名为变量命名
D. 注释可以帮助程序员理解程序,应该越多越好

二、填空题

1. Python 表达式 5.5/2 的值为____;Python 表达式 5.5//2 的值为____。
2. 表达式 int(3.6415)的值为____。
3. 一个字符'a'____(是/不是)合法的 Python 表达式。
4. 表达式'abc' in 'abcd'的值为____;表达式'1' in [1,2,3,4]的值为____。
5. 已知 x=3,那么执行语句 x+=6 之后,x 的内存地址________(不变/改变)。
6. 表达式 12.3e-4+5.67e+2j.imag 的运算结果是____。
7. 表达式 isinstance('3.14',(int,float,complex))的值为________;表达式 type(3.14) in (int,float,complex)的值为________。

三、读程序写结果

1. 写出以下程序的运行结果。

```
>>> L1=[1,2,3]
>>> L2=list(L1)
>>> L1[1]=6
>>> Sum=L1[1]+L2[1]
>>> print(Sum)
```

2. 写出以下程序的运行结果。

```
>>> a=1
>>> b=2
>>> b,a=--a,++b
>>> print(a,b)
```

四、简答题

1. 请简述 Python 基于值的内存管理模式。

2. 请简述运算符/和//的区别。

3. 请简述 Python 内建数据类型有哪些？为什么需要不同的数据类型？

【习题参考答案】

一、选择题

1~5:A D D C C　6~10:C C C C A　11~15:C A D B C　16~20:B C B D B
21~25:D C B D C　26~30:B A D D D

二、填空题

1. 2.75　2
2. 3
3. 是
4. True　False
5. 改变
6. 567.00123
7. False　True

三、读程序写结果

1. 8

2. 2　1

四、简答题

1. Python 采用的是基于值的内存管理方式，在 Python 中可以为不同变量赋值为相同值，这个值在内存中只有一份，多个变量指向同一个值的内存空间首地址，这样可以减少内存空间的占用，提高内存利用率。Python 具有自动内存管理功能，会自动跟踪内存中所有的值，对于没有任何变量指向的值，Python 自动将其删除。

Python 启动时，会对[-5,256]区间的整数进行缓存。也就是说，如果多个变量的值相等且介于[-5,256]区间内，那么这些变量共用同一个值的内存空间。对于区间[-5,256]区间之外的整数，同一个程序中或交互模式下同一个语句中的同值不同名变量会共用同一个内存空间，不同程序或交互模式下不同语句不遵守这个约定。

2. /表示实数除，运算结果与数学中实数除法的结果相同；//表示的是整除，结果是向下取整的整数。

3. 内建数据类型有整型、浮点型、布尔型、复数型、字典、列表、元组、字符串。之所以有这么多种数据类型是因为：(1)必须有明确的数据类型，程序才能分配给常量、变量精确的存储大小，才能进行精确或高效率的运算；(2)程序设计语言不允许存在语法歧义，需要定义数据的形式，程序设计语言通过一定方式向计算机表达数据的形式。

第3章

聚合类型数据及运算

【典型例题解析】

一、选择题

1. 以下字符串合法的是(　　)。

A. 'I love' Python"　　B. "abe'def'ghi"　　C. "I love"love"Python"　　D. "I love Python'

解析:本题考查的是字符串定义的基本知识。字符串由一对相同的引号表示,单引号、双引号、三单引号、三双引号都可以作为字符串定界符,不同的定界符之间可以互相嵌套。A 选项仅出现一个双引号没有成对,错误。B 选项双引号内嵌套一对单引号,正确。C 选项出现了两对双引号,错误。D 选项单、双引号没有成对出现,错误。

答案:B

2. 以下能够根据逗号","分隔字符串的是(　　)。

A. s. center( )　　B. s. replace( )　　C. s. split( )　　D. s. find( )

解析:本题是对字符串内置函数的考查。A 选项 center 方法返回的是一个指定宽度居中的字符串,B 选项 replace 方法是将字符串中一段旧的字符串用新字符串替换。C 选项正确,split 方法是将字符串以用户指定的分隔符分隔,符合题意。D 选项 find 方法检测字符串中是否包含指定子字符串,如包含则返回子字符串在字符串中的起始位置的索引值,如不包含则返回-1。

答案:C

3. 以下哪个方法可以将字符串转换为字节串(　　)。

A. encode( )　　B. decode( )　　C. unicode( )　　D. code( )

解析:对 str 类型的字符串调用其 encode( )方法进行编码得到 bytes 字节串,对 bytes 字节串调用其 decode( )方法并指定正确的编码格式则得到 str 字符串。简单来说,字节串是给计算机看的,给计算机传输或者保存。字符串是给人看的,用来实现具体操作。encode 即为编码,decode 即为解码。

答案:A

4. 以下关于 Python 列表的描述中,错误的是(　　)。

A. 列表的长度和内容都可以改变,但元素类型必须相同

B. 可以对列表进行成员关系操作、长度计算和分片

C. 列表可以同时使用正向递增序号和反向递减序号进行索引

D. 可以使用比较操作符(如>或<等)对列表进行比较

解析:本题考查的是列表的基本知识。列表是一个可变的数据类型,但列表中的元素类型不一定要相同,A 错误。其余选项均正确,需要注意的是,D 选项中>和<是比较运算符,可以用来判断两个列表的包含关系。

答案:A

5. 下列选项中删除列表中最后一个元素的函数是(   )。

A. pop()   B. del()   C. remove()   D. clear()

解析:本题考查列表常用函数中的删除函数。pop()用于删除并返回指定位置(默认是最后一个)上的元素;del()用于删除指定位置的值;remove()用于删除列表中第一个值与指定值相等的元素;clear()用于清空列表中的所有元素。

答案:A

6. 执行下列语句后的显示结果是什么?(   )。

```
>>>temp=['I','Love','Python','!','!']
>>>temp.remove('!')
>>>temp
```

A. [ILovePython]   B. [I Love Python]

C. ['I','Love','Python']   D. ['I','Love','Python','!']

解析:remove 只删除第一个值与指定值相等的元素,故选 D。

答案:D

7. 执行下面的操作后,list2 的值为(   )。

```
>>>list1=[4,5,6]
>>>list2=[7,8,9]
>>>list2=list1
>>>list1[2]=3
```

A. [4,5,3]   B. [4,3,6]   C. [4,5,6]   D. 语法错误

解析:代码中,list1、list2 一开始都是新建了一个列表,所以分配了不同的空间,而当执行 list2=list1 时,这就让 list2 指向了 list1 的空间,所以当 list1 的值发生改变时,list2 也发生改变。list1[2]=3 将 list1 中的 6 变为 3,故正确答案为 A。

答案:A

8. 关于 Python 的元组类型,以下选项中描述错误的是(   )。

A. 一个元组可以作为另一个元组的元素,可以采用多级索引获取信息

B. 元组中元素不可以是不同类型

C. 元组一旦创建就不能被修改

D. 建立元组时如果元组中只有一个元素则必须在最后增加一个逗号

解析:本题考查元组的基本知识。元组和列表相似,但元组属于不可变序列,其中的元素是不能修改的,除非整体重新赋值。元组比列表中的访问和处理速度更快,所以如果只需要对其中的元素进行访问,而不进行任何修改,建议使用元组。A、C、D 都正确。B 错误,序列类型(元组、列表)中元素都可以是不同类型。

答案:B

9. 以下哪个函数可以将一个列表转换为元组( )。

A. tuple( ) B. dict( ) C. list( ) D. set( )

解析:dict( )用于创建一个新字典,list( )用于将元组或字符串转换为列表,set( )用于创建一个集合。A 选项正确,tuple 函数将可迭代系列(如列表)转换为元组。

答案:A

10. 现有代码 t=(1,2),在 Python3 解释器中执行 t * 3 得到的结果为( )。

A. (2,6) B. (1,2,1,2,1,2)

C. (2,4,2,4) D. 以上说法都不对

解析:本题考查的是元组的特殊运算,t * 3 是将 t 重复三遍而不是将里面的元素进行数学上的运算乘 3。字符串、列表和元组均支持此种方法复制数据,字典和集合不行。

答案:B

11. 以下关于字典的描述,错误的是( )。

A. 字典是键值对的集合 B. 字典中的键可以对应多个值信息

C. 字典中元素以键信息为索引访问 D. 字典长度是可变的

解析:本题考查字典的基础知识。字典的值与键是一一对应的,一个键不可以对应多个值,B 选项错误,选 B。A、C、D 均正确。

答案:B

12. 给定字典 d,哪个选项对 x in d 的描述是正确的( )。

A. 判断 x 是否是字典 d 中的键

B. x 是一个二元元组,判断 x 是否是字典 d 中的键值对

C. 判断 x 是否是字典 d 中的值

D. 判断 x 是否是在字典 d 中以键或值方式存在

解析:键是值的序号,也是字典中值的索引方式。因此,x in d 中的 x 被当作 d 中的序号进行判断。A 正确。

答案:A

13. 以下程序的输出结果是( )。

```
ls=list({'shandong':200,'hebei':300,'beijing':400})
print(ls)
```

A. ['300','200','400'] B. ['shandong','hebei','beijing']

C. [300,200,400] D. 'shandong','hebei','beijing'

解析:将一个字典转换为列表时,默认将字典的键转换为列表,所以答案选 B,如果要将值转换为列表,语句为

```
ls=list({'shandong':200,'hebei':300,'beijing':400}.values())
```

答案:B

14. 以下不能创建一个字典的语句是( )。

A. dict1={} B. dict2={3:5}

C. dict3={[1,2,3]:"uestc"} D. dict4={(1,2,3):"uestc"}

解析:A 可以创建一个空字典;B 可以创建一个键为 3,值为 5 的字典;C、D 选项的区别在于 C 的键为一个列表[1,2,3],D 的键为一个元组(1,2,3)。而字典的键必须是不可变的,列表是可变的,故答案选 C。

答案:C

15. 关于大括号{},以下描述正确的是(　　)。

A. 直接使用{}将生成一个列表类型　B. 直接使用{}将生成一个集合类型

C. 直接使用{}将生成一个字典类型　D. 直接使用{}将生成一个元组类型

解析:集合类型和字典类型最外侧都用{}表示,不同在于,集合类型元素是普通元素,字典类型元素是键值对。字典在程序设计中非常常用,因此,直接采用{}默认生成一个空字典。

答案:C

16. S 和 T 是两个集合,哪个选项对 S|T 的描述是正确的(　　)。

A. S 和 T 的补运算,包括集合 S 和 T 中的非相同元素

B. S 和 T 的差运算,包括在集合 S 但不在 T 中的元素

C. S 和 T 的并运算,包括在集合 S 和 T 中的所有元素

D. S 和 T 的交运算,包括同时在集合 S 和 T 中的元素

解析:集合"交并差补"四种运算分别对应的运算符是:& |-^,故本题选 C。

答案:C

17. 有集合 s={1,2,3},则执行 del s[2]的结果为(　　)。

A. 3　B. 2　C. {1,2}　D. 报错

解析:集合不支持索引取值,故语句中的 s[2]会报错:TypeError:'set' object doesn't support item deletion。

答案:D

二、填空题

1. testword='Hello,Python!';testword[-4]=______;testword[2:5]=______。

```
                    -4 -3   -2 -1
H e l l o ,  P y t h o  n   !
0 1 2 3 4 5 6 7 8 9 10 11 12
```

解析:本题是对字符串切片基本知识的考查。需要注意的是字符串序号从左往右正向递增序号是从 0 开始的,从右往左反向递减序号是从-1 开始的。切片时含头不含尾。如本题中[-4]即为从往左数依次为'!''n''o''h',第四个即为 h,[2:5]不含尾即为下标 2~4 的 llo。

答案:h;llo

2. temp='abcdefg',temp[::-1]=__________。

解析:切片的特殊用法,s[::-1]的功能是对字符串 s 反向取整串。

答案:'gfedcba'

3. 在 Python 中,设有 s=['a','b'],则语句序列"s. append([1,2]);s. insert(1,7);"执行后,s 值为__________。

解析:本题是对列表常用方法的考查。append()用于向列表尾部追加一个元素,insert()用于向列表任意指定位置插入一个元素。执行 s. append([1,2])后 s 为['a','b',[1,2]],此时执行 s. insert(1,7)在下标为 1(即'b')的前面插入 7,得到答案['a',7,'b',[1,2]]。

答案:['a',7,'b',[1,2]]

4. 输入以下程序:

```
>>>a=[1,2,3,None,(),[],]
>>>print(len(a))
```

其运行结果是__________。

解析:len()方法返回对象(字符、列表、元组等)的长度或项目个数。在 Python 中有一个

特殊的常量称为 None,它表示没有值,也就是空值。None 属于 NoneType 类型。在列表中也算一个元素,同样的空元组( )、空列表[ ]也算一个元素,故答案为 6。

答案:6

5. 表达式(1,)+(2,)的值为__________。

解析:本题考查的是元组的特殊运算,元组元素只有一个时末尾必须加上逗号,两个元组相加是将两个元组的元素合并为一个元组,故答案为(1,2)。

答案:(1,2)

6. 表达式 sorted({3:'a',8:'b',5:'c'})的值为__________。

解析:和前面类似,sorted 默认将字典的键从小到大进行排序,所以正确答案为[3,5,8],需要注意的是 sort 与 sorted 区别:sort 是应用在 list 上的方法,sorted 可以对所有可迭代的对象进行排序操作。list 的 sort 方法返回的是对已经存在的列表进行操作,而内建函数 sorted 方法返回的是一个新的 list,而不是在原来的基础上进行的操作。

答案:[3,5,8]

7. 字典 d={'Name':'Kate','No':'1001','Age':'20'},表达式 len(d)的值为________。

解析:字典中 len()函数返回的即为键的个数。

答案:3

8. 已知 x={1:2},那么执行语句 x[2]=3 之后,x 的值为______________。

解析:执行的语句相当于为 x 增加了一个键为 2,值为 3 的元素。

答案:({1:2,2:3})

9. 下面代码的输出结果是__________。

```
>>>d={'a':1,'b':2,'b':'3'}
>>>print(d['b'])
```

解析:创建字典时,如果相同键对应不同值,字典采用最后(最新)一个“键值对”。

答案:3

10. 表达式{1,2,3}^{3,4,5}的值为__________。

解析:本题考查的是集合的运算,^为补运算,得到的值为两个集合的非相同元素,故答案为{1,2,4,5}。

答案:{1,2,4,5}

三、读程序写结果

1. 写出以下程序的运行结果。

```
>>>s="0123456789"
>>>print(s[::-3])
```

解析:[::-3]前两个冒号省略说明是全部参与切片。-3 小于零说明是从右往左、步长为 3 进行切片。步长为 3 可以理解为每次向前数 3 个数取出,或理解为每两个取的数之间相距 2(3-1=2)。

答案:9630

2. 写出以下程序的运行结果。

```
>>>l1=[1,2,3,6,87,3]
>>>l2=['aa','bb','cc','dd','ee','ff']
>>>d={}
```

```
>>>for index in range(len(l1)):
        d[l1[index]]=l2[index]
>>>print(d)
```

解析:代码的关键在于for循环,此for循环即为对字典d赋值,index是l1元素的下标,也即l1元素的个数,所以l1[index]和l2[index]也即依次遍历l1、l2中的元素,故d[l1[index]]=l2[index]是以L1为key,L2为value对d赋值,由此得出正确答案。

答案:{1:'aa',2:'bb',3:'ff',6:'dd',87:'ee'}

3. 写出以下程序的运行结果。

```
>>>list1=[1,2,1,3]
>>>nums=set(list1)
>>>for i in nums:
    print(i,end="")
```

解析:set()函数会创造一个无序不重复元素集,故将list1由列表转换为集合时会删除重复元素,得到{1,2,3},最后用一个for循环将集合中的元素依次输出,得到答案123。

答案:123

四、编程题

1. 建立一个列表,要求按照相反的顺序输出列表的值。

解析:使用反向切片的方法[::-1]逆向输出列表的值。

参考答案:

```
a=['one','two','three']
for i in a[::-1]:
    print(i)
```

2. 给定一个列表数据,list1=[85,87,93,91,81],试求出各个数据之和及平均值。

解析:求数据和可以调用sum()函数,求平均值用sum/元素个数即可,元素个数可以用len()函数求得。

参考答案:

```
a=sum(list1)
aver=sum/len(list1)
```

3. 获得用户输入的一个字符串,将字符串按照空格分割,然后逐行打印出来。

解析:本题要点一是将字符串用空格分隔,可以想到使用split函数,二是要它们逐行打印出来,可以使用for循环逐一打印。

参考答案:

```
x=input("请输入一段文字")
m=x.split("")
for i in m:
print(i)
```

4. 获得用户输入的一个整数N,输出N中所出现不同数字的和。例如:用户输入123123123,其中所出现的不同数字为:1、2、3,这几个数字和为6。

解析:本题关键在于要求不同数字的和,而输入的数字可能存在同一个数字出现多次的情况,这时就要想到集合的特性可以帮助我们去掉重复的数字。需要注意的是用input获取的是字符串类型,需要用 eval 函数才能进行求和操作。

参考答案:

```
n=input()
ss=set(n)
s=0
for i in ss:
  s+=eval(i)
print(s)
```

5. 使用给定的整数 n,编写一个程序生成一个包含(i,i*i)的字典,该字典包含 1 到 n 之间的整数(两者都包含)。然后程序应该打印字典。

假设向程序提供以下输入:8

则输出为:

```
{1:1,2:4,3:9,4:16,5:25,6:36,,7:49,8:64}
```

解析:由于键值是从 1~n,可以用 for 循环 for i in range(1,n+1)遍历 1~n,每一次遍历令字典 d[i]=i 平方即可满足要求。

参考答案:

```
print('请输入一个数字:')
n=int(input())
d=dict()
for i in range(1,n+1):
    d[i]=i*i
print(d)
```

【习题】

一、选择题

1. Python 的序列类型不包括以下哪种(　　)。

A. 字符串　　B. 列表　　C. 元组　　D. 字典

2. 在 Python 中,字符串 s='abc',那么执行表达式 s+'d'之后,s 的打印结果是(　　)。

A. 'abc'　　B. 'abcd'　　C. 'abc+d'　　D. 报错

3. 以下程序的输出结果是(　　)。

```
>>>ss=list(set("jzzszyj"))
>>>ss.sort()
>>>print(ss)
```

A. ['z','j','s','y'']　　B. ['j','s','y','z']

C. ['j','z','z','s','z','y','j']　　D. ['j','j','s','y','z','z','z']

4. 执行下列语句后的显示结果是(　　)。

```
>>> world="world"
```

```
>>> print("hello"+world)
```

A. helloworld　B. hello"world　C. hello world　D. "hello""world"

5. 程序执行如下,打印的结果是(　　)。

```
str1="Runoob example....wow!!!"
str2="exam";
print(str1.find(str2,5))
```

A. 6　B. 7　C. 8　D. -1

6. Python 解释器执行'1234'.find('5')的结果是(　　)。

A. -1　B. None　C. 空　D. 报错

7. 以下会出现错误的是(　　)。

A. '北京'.encode()　B. '北京'.decode()

C. '北京'.encode().decode()　D. 以上都不会错误

8. 已知 number=[1,2,3,4],list1=[5,6,7],如果要将 list1 列表中的数据追加到 number 列表中,使用哪个函数合适(　　)。

A. pop　B. extend　C. insert　D. append

9. 以下程序的输出结果是(　　)。(注:ord("a")==97)

```
>>>list=[1,2,3,4,5,'a','b']
>>>print(list[1],list[5])
```

A. 1 97　B. 2 a　C. 1 5　D. 2 97

10. 以下选项中不能生成一个空字典的是(　　)。

A. {[]}　B. dict()　C. {}　D. dict([])

11. 以下表达式,正确定义了一个集合数据对象的是(　　)。

A. x={200,'flg',20.3}　B. x=(200,'flg',20.3)

C. x=[200,'flg',20.3]　D. x={'flg':20.3}

12. 给定字典 d,哪个选项对 d.values()的描述是正确的(　　)。

A. 返回一个元组类型,包括字典 d 中所有值

B. 返回一个列表类型,包括字典 d 中所有值

C. 返回一个集合类型,包括字典 d 中所有值

D. 返回一种 dict_values 类型,包括字典 d 中所有值

13. Python 语句 print(type([1,2,3,4]))的输出结果是(　　)。

A. <class'tuple'>　B. <class'dict'>　C. <class'set'>　D. <class'list'>

14. 已知 id(ls1)=4404896968,以下程序的输出结果是(　　)。

```
ls1=[1,2,3,4,5]
ls2=ls1
ls3=ls1.copy()
print(id(ls2),id(ls3))
```

A. 4404896968 4404896904　B. 4404896904 4404896968

C. 4404896968 4404896968　D. 4404896904 4404896904

15. "ab"+"c"*2 结果是(　　)。

A. abc2　B. abcabc　C. abcc　D. ababcc

16. 切片操作 list(range(6))[::2]执行结果为(　　)。

A. [2,4,6]　　B. [0,2,4]　　C. [range(6)]　　D. 2,4,6

17. 已知列表对象 x=['11','2','3'],则表达式 max(x)的值为(　　)。

A. '11'　　B. '2'　　C. '3'　　D. 11

18. 在一个应用程序中定义 a=[1,2,3,4,5,6,7,8,9,10],为了打印输出列表后 a 的最后一个元素,下面正确的代码是(　　)。

A. print(a[10])　　B. print(a[9])

C. print(a[len(a)])　　D. print(a(9))

19. 设 s="Happy New Year",则 s[3:8]的值为(　　)。

A. 'ppy Ne'　　B. 'py Ne'　　C. 'ppy N'　　D. 'py New'

20. 表达式 True * 3 的值为(　　)。

A. TrueTrueTrue　　B. True　　C. 1　　D. 3

21. 对于序列 s,能够返回序列 s 中第 i 到 j 以 k 为步长的元素子序列的表达式是(　　)。

A. s[i;j;k]　　B. s[i,j,k]　　C. s(i,j,k)　　D. s[i:j:k]

22. 给定字典 d,以下选项中对 d.keys()的描述正确的是(　　)。

A. 返回一个元组类型,包括字典 d 中所有键

B. 返回一种 dict_keys 类型,包括字典 d 中所有键

C. 返回一个列表类型,包括字典 d 中所有键

D. 返回一个集合类型,包括字典 d 中所有键

23. 下列函数中用于返回元组中元素最小值的是(　　)。

A. len　　B. min　　C. tuple　　D. max

24. 字符串 s='abcde',n 是字符串 s 的长度。索引字符串 s 字符'c',哪个语句是正确的(　　)。

A. s[n//2]　　B. s[(n+1)/2]　　C. s[n/2]　　D. s[(n+1)//2]

25. 如果希望在列表 grades=[100,89,67,84,76,35,66]添加新元素 88,以下哪个选项是错误的(　　)。

A. grades[7]=88　　B. grades.append(88)

C. grades.insert(7,88)　　D. grades.extend([88])

26. 下列哪项类型数据是不可变化的(　　)。

A. 字典　　B. 列表　　C. 元组　　D. 集合

27. 下列不是元组的是(　　)。

A. tup1=50,;　　B. tup1=50;　　C. tup1=(50,);　　D. tup1=();

28. 关于字符串下列说法错误的是(　　)。

A. 字符应该视为长度为 1 的字符串

B. 字符串以\0 标志字符串的结束

C. 既可以用单引号,也可以用双引号创建字符串

D. 在三引号字符串中可以包含换行回车等特殊字符

29. 下列哪种说法是错误的(　　)。

A. 除字典类型外,所有标准对象均可以用于布尔测试

B. 空字符串的布尔值是 False

C. 空列表对象的布尔值是 False

D. 值为 0 的任何数字对象的布尔值是 False

30. 执行下列语句后的显示结果是什么(　　)。

```
>>> a=1
>>> b=2 * a / 4
>>> a="one"
>>> print a,b
```

A. one 0　　B. 1 0　　C. one 0.5　　D. one,0.5

二、填空题

1. "[3] in [1,2,3,4]"的值为________________。
表达式 3 not in [1,2,3]的值为__________。
2. 'aabbccdd'. count('b',2)的值为__________。
3. 表达式[x for x in [1,2,3,4,5] if x<3]的值为__________。
4. 已知 x=(3),那么表达式 x * 3 的值为__________。
已知 x=(3,),那么表达式 x * 3 的值为__________。
5. Python 内置函数__________可以返回列表、元组、字典、集合、字符串以及 range 对象中所有元素的个数。
6. 表达式'apple. peach,banana,pear'. find('p')的值为______。
7. 表达式 int('123')的值为______。
8. 表达式'abc' in('abcdefg')的值为______。
9. 表达式 len('aaaassddf'. strip('afds'))的值为______。
10. 表达式'b'+'e' * 2 的值为______。
11. eval()函数可以将______解析成数值。
12. 表达式 chr(ord('a'))的值为________。
13. Python 语句 list(range(1,10,3))执行结果为__________。
14. 已知列表对象 x=['11','2','3'],则表达式 max(x)的值为__________。
15. 转义字符'\n'的含义是__________。
16. 假设有列表 a=['name','age','sex']和 b=['Dong',38,'Male'],请使用一个语句将这两个列表的内容转换为字典,并且以列表 a 中的元素为"键",以列表 b 中的元素为"值",这个语句可以写为______________。

三、读程序写结果

1. 有以下程序段:

```
>>>x={1:1,2:2}
>>>x[3]=1
>>>print(len(x))
```

其运行结果为:__________。

2. 有以下程序段:

```
>>>list1=[1,2]
>>>list2=list1[::]
>>>list1[0]=3
>>>print(list1,list2)
```

其运行结果为:________________。

3. 有如下两行代码：

```
>>>x=list(range(20))
>>>print(x[-1])
```

运行之后显示结果为：__________。

4. 有以下表达式：

```
x=input("x=")
l=x.split(",")
l.sort()
print(",".join(l))
```

向程序输入：without，hello，bag，world

则输出结果为：____________________。

四、编程题

1. 获得用户输入，去掉其中全部空格，将其他字符按输入顺序打印输出。

2. dic={"k1":"v1","k2":"v2","k3":"v3"}循环遍历字典 dic 中所有的 key 和 value。

3. 进制转换，输入一个十进制整数，分别输出其二进制、八进制、小写十六进制。

4. 恺撒(kaisa)密码：原文 ABCDEFGHIJKLMNOPQRSTUVWXYZ，对应的密文为：DEFGHIJKLMNOPQRSTUVWXYZABC，请设计程序实现之。

5. 输入一串字符，统计每个字符数，用字典输出。

6. 输入学生姓名增加到一个列表 st 中，直到输入的姓名为空为止，最后输出 st。

【习题参考答案】

一、选择题

1~5：A A B A B　　6~10：A B D B A　　11~15：A D D A C　　16~20：B B B B D

21~25：B B B A A　　26~30：C B B A C

二、填空题

1. False　　False
2. 2
3. ([1,2])
4. 9　　(3,3,3)
5. len

6. 1
7. 123
8. True
9. 0
10. 'bee'
11. 字符串
12. 'a'
13. [1,4,7]
14. '3'
15. 回车换行
16. c=dict(zip(a,b))

三、读程序写结果

1. 3
2. [3,2] [1,2]
3. 19
4. bag,hello,without,world

四、编程题

1. 参考代码：

```
txt=input()
print(txt.replace(" ",""))
```

2. 参考代码：

```
dic={"k1":"v1","k2":"v2","k3":"v3"}
for key in dic.keys():
    print(key)
for value in dic.values():
    print(value)
```

3. 参考代码：

```
Num1=eval(input(""))
print("{0:b},{0:o},{0:x}".format(Num1))
```

4. 参考代码：

```
plaincode=input('请输入明文:')
for p in plaincode:
    if 'a'<=p <='z':
        c=chr(ord('a')+(ord(p)-ord('a')+3)% 26)
        # ord 是字符编码的值,都减掉 ord('A')才可以得到字符的顺序 0~25
        print(c,end='')
    elif 'A' <=p <='Z':
        c=chr(ord('A')+(ord(p)-ord('A')+3)% 26)
        print(c,end='')
    else:
        print(p,end='')
```

5. 参考代码：

```
s=input("输入一行字符串或句子:")
char_counts={}
for char in s:
    char_counts[char]=char_counts.get(char,0)+1
print(char_counts)
```

6. 参考代码：

```
s=[]
while True:
    s=input()
    if s!="":
        st.append(s)
    else:
        break
print(st)
```

第4章 结构化程序设计

【典型例题解析】

一、选择题

1. 在 Python3 以上版本中,能正确输出字符串"hello world"的语句是(　　)。

A. print("hello world")　　B. print(hello world)

C. printf("hello world")　　D. print "hello world"

解析:本题考查的是 Python 语言的输出。在 Python3 以上版本中,格式化输出使用 print()函数,B 选项中字符串没有界定符"";C 选项中函数名错误;D 选项为 Python2 的格式化输出格式,在 Python3 中无法兼容。故答案为 A。

答案:A

2. print(r'a\tb')的输出结果是(　　)。

A. ab　　B. a　　C. a\tb　　D. r'a\tb'

解析:本题考查的是 Python 语言字符串的输出。r 是单词 raw 的首字母,放在字符串前面表示原始字符串原封不动输出,转义字符不起作用,故输出应为 a\tb,答案选 C。

答案:C

3. 在 Python 语言中,input()函数的返回类型是(　　)。

A. 元组　　B. 列表　　C. 字符串　　D. 数字

解析:本题考查的是 Python 语言的输入函数。input()函数的功能为接收用户的键盘输入,并统一以字符串的形式返回。

答案:C

4. 以下选项中,不是 Python 语言基本控制结构的是(　　)。

A. 跳转结构　　B. 循环结构　　C. 分支结构　　D. 顺序结构

解析:本题考查的是 Python 语言的基本控制结构。基本控制结构主要分为三类:顺序结构、分支结构和循环结构。

答案:A

5. 以下关于程序控制结构描述错误的是(　　)。

A. 分支结构包括单分支结构和二分支结构

B. 二分支结构组合形成多分支结构

C. else 语句块不可以单独出现

D. Python 里,能用分支结构写出循环的算法

解析:本题考查的是 Python 语言的分支结构。选择结构包括单分支结构和二分支结构,二分支结构组合形成多分支结构,其中二分支结构中的 else 语句块必须紧跟在 if 语句块后面,并且不能单独存在。选择结构和循环结构为相互独立的两种结构类型,不能相互转换。

答案:D

6. 下面 if 语句统计满足“性别(gender)为女,爱好(hobby)为编程,年龄(age)小于 22 岁”条件的人数,正确的语句为(　　)。

A. if(gender=="女" or age<22 and hobby=="编程"):n+=1

B. if(gender=="女" and age<22 and hobby=="编程"):n+=1

C. if(gender=="女" and age<22 or hobby=="编程"):n+=1

D. if(gender=="女" or age<22 or hobby=="编程"):n+=1

解析:本题考查的是 Python 语言的选择结构和条件表达式。由题目可知,给定的三个条件,性别、爱好和年龄,需要同时满足条件才成立,因此这里的逻辑运算符应该使用 and 逻辑与,故答案为 B。

答案:B

7. 设 x=20;y=20,下列语句能正确运行结束的是(　　)。

A. max=x >y? x:y　　　　B. if(x>y)print(x)

C. while True:pass　　　　D. min=x if x<y else y

解析:本题考查的是 Python 语言的选择结构和循环结构。A 选项中为 C 语言的运算符,不适用于 Python 语言,语法错误;B 选项中,条件表达式后面少了一个冒号,语法错误;C 选项中,没有改变循环条件跳出循环的语句,为死循环,逻辑错误;D 选项为二分支结构,语法正确。

答案:D

8. 关于 Python 循环结构,以下选项中描述错误的是(　　)。

A. 遍历循环中的遍历对象可以是字符串、文件、组合数据类型和 range()函数等

B. break 用来跳出最内层 for 或者 while 循环,脱离该循环后程序从循环代码后继续执行

C. continue 语句只结束本轮循环,而不是终止整个循环的执行

D. break 和 continue 也可以用于 if 语句中

解析:本题考查的是 Python 语言的循环结构以及 break 和 continue 关键字的使用。A 选项中,循环的对象只要是可迭代对象即可,正确;B 选项中,break 的作用为直接跳出当前循环体,正确;C 选项中,continue 的作用是跳过本轮循环中剩下的语句,执行下一轮循环,正确;D 选项中,break 和 continue 关键字都是用来控制循环结构,不能用在其他地方,错误。

答案:D

9. 给出如下代码:

```
while True:
    guess=eval(input())
    if guess=="553":
        break
```

作为输入能够结束程序运行的是(　　)。

A. 553　　B. "553"　　C. guess　　D. break

解析:本题考查的是 Python 语言的基本输入以及循环和分支结构。input()函数的功能为接收用户的键盘输入,并统一以字符串的形式返回;eval()函数的功能是执行一个字符串表达式,并返回表达式的值。由题目可知,当 guess 的值等于"553"时,便可以跳出循环;在输入的位置出现了 eval()函数,因此需要用户输入的值为"553"。

答案:B

10. 以下程序中,while 循环体执行的次数是(　　)。

```
k=0
while k:k=k+1
```

A. 无限次　　B. 0 次

C. 1 次　　D. 语法错误,无法执行

解析:本题考查的是 Python 语言的 while 循环以及循环成立的条件。由题目可知,循环成立的条件为 k,当 k 为真时,才会进入循环体,k 初始化的值为 0(0 为假),在第一次进行循环条件判断时就不成立,无法进入循环体,因此循环体执行的次数为 0 次。

答案:B

二、填空题

1. 语句 print('A',"2",sep='-',end='!')执行的结果是____。

解析:本题考查的是 Python 语言的格式化输出。sep 和 end 为 print()函数的默认值参数,sep 表示输出参数之间以什么进行分割,其默认值为空格;end 表示输出参数最后以什么进行结尾,其默认值为换行。'A'和"2"为需要输出的参数,输出的形式为 A-2!。

答案:A-2!

2. 运行语句 print('{0:.3f}'.format(1/3))的结果是____。

解析:本题考查的是 Python 语言字符串的格式化输出和 format 的使用方法。{}中的 0 表示参数列表中参数的索引位置,1/3 这个参数的索引为 0,因此是对 1/3 这个参数进行格式化。.3f 是格式标记字符,.3 表示精度为 3(保留小数点后三位),f 表示浮点数格式。因此输出为 0.333。

答案:0.333

3. Python 关键字 elif 表示____和____两个单词的缩写。

解析:本题考查的是 Python 语言常用关键字含义。elif 表示的是 else 和 if 的缩写。

答案:else　if

4. 在循环语句中,________语句的作用是提前结束循环;________语句的作用是提前进入下一次循环。

解析:本题考查的是 Python 语言 break 和 continue 关键字的基本概念。break 的作用是直接跳出循环,continue 的作用是跳过当前循环剩下的语句进入下一轮循环。

答案:break continue

5. 对于带有 else 子句的 for 循环和 while 循环,当循环因循环条件不成立而自然结束时________(会/不会)执行 else 中的代码。

解析:本题考查的是 Python 语言的 else 子句。在循环中,else 子句仅在没有调用 break 时执行,即循环完整执行,可以把它看作是完整执行完循环的"奖励"。

答案:不会

6. 用户输入一个三位自然数,计算并输出其百位、十位和个位上的数字。请填空完成程序。

```
x=input('请输入一个三位数:')
x=int(x)
a= (1)
b= (2)
c= (3)
print(a,b,c)
```

解析:本题考查的是 Python 语言的顺序结构。由题目可知,变量 a 为百位上的数字,变量 b 为十位上的数字,变量 c 为个位上的数字;使用算术运算符即可写出求这三个数的算术表达式。这里需要注意的是程序为顺序执行,在计算 a 的时候无法使用变量 b 和变量 c。

答案:(1)x//100　(2)x//10 % 10　(3)x % 10

7. 输入一个字符,判断该字符是数字、英文字母,还是其他字符。请填空完成程序。

```
a= (1)
if (2) :
    print("It's an English character\n")
elif (3) :
    print("It's a digit character\n")
 (4) :
    print("It's other character\n")
```

解析:本题考查的是 Python 语言的多分支结构。首先需要用户输入一个字符,因此(1)的位置为 input()函数;从 if 语句块中的语句内容可以看出,(2)的位置需要填写判断该字符是否为英文字母的条件表达式,这里注意英文字母有大小写的区分,都需要进行判断;(3)的位置需要填写判断该字符是否为数字的条件表达式;(4)的位置参照与它缩进相同的关键字 elif,这里应该填写的为 else。

答案:(1)input()(2)"a"<=a<="z" or "A"<=a<="Z"(3)"0"<=a<="9"(4)else

8. 计算 2+4+6+…+98+100。请填空完成程序。

```
s=0
for i in (1) :
    (2)
print(s)
```

解析:本题考查的是 Python 语言的循环结构。通过循环遍历[2,100]区间中的数,然后进行不断累加。(1)的位置通过 range()函数来获取序列,这里需要注意的是第二参数为 101,因为 range 函数生成的序列为一个左闭右开的区间;(2)的位置为进行累加的语句,将循环变量累加到 s 值上,s+=i。

答案:(1)range(2,101,2)　(2)s+=i 或 s=s+i

三、读程序写结果

1. 以下程序是否能正常运行,如果能请写出运行结果,如果不能请改错。

```
a=range(10)
for i in len(a):
    print(i)
```

解析:本题考查的是 Python 语言的 for 循环结构。只有可迭代对象才可以被循环,而 len(a)得到的是一个数字类型,数字类型不是可迭代对象,因此该程序错误,改成 for i in a:即可。

答案:错误,将 for i in len(a):改为 for i in a:

2. 写出以下程序的运行结果。

```
d={}
for i in range(26):
    d[chr(i+ord("a"))]=chr((i+13)% 26+ord("a"))
for c in "cupk":
    print(d.get(c,c),end="")
```

解析:本题考查的是 Python 语言的 for 循环结构。本题类似凯撒密码,先通过第一个 for 循环建立字典 d,字典 d 中以原始字母作为键,原始字母后的第 13 位作为值。第二个 for 循环则是遍历字符串 "cupk",获得每个字母作为键在字典 d 中对应的值,并输出。

答案:phcx

3. 写出以下程序的运行结果。

```
for i in range(8):
    if i==8:
        print("find it!")
        break
else:
    print("Didn't find it!")
```

解析:本题考查的是 Python 语言的 for 循环结构以及 else 子句。由题目可知,该循环实现的功能是判断 range(8)中是否有 8,如果有则输出"find it!"并跳出循环。这里要格外注意 else 的缩进是和 for 对齐的,所以这里的 else 是 for 循环的子句,而不是 if 的 else;range(8)生成的序列中并没有 8,因此循环不会跳出,可以执行到 else 子句的位置,最后输出"Didn't find it!"。

答案:Didn't find it!

4. 阅读下面的代码,解释其功能。

```
>>> x=list(range(20))
>>> for index,value in enumerate(x):
        if value==10:
            x[index]=15
```

解析:本题考查的是 Python 语言的 for 循环结构以及 enumerate()函数。有些时候想要迭代访问序列中的元素,同时还要获取当前元素的索引,可以使用内建的 enumerate()函数,这里有两个循环变量 index 和 value,index 表示索引,value 表示值。

答案:将列表 x 中值为 10 的元素修改为 15。

5. 写出以下程序的运行结果。

```
for n in range(100,1,-1):
    if n%2==0:
        continue
    for i in range(3,int(n*0.5)+1,2):
        if n%i==0:
            break
    else:
        print(n)
        break
```

解析:本题考查的是 Python 语言的循环嵌套。这里一定要注意代码的缩进,通过缩进来区分代码块的逻辑关系。外层循环为从 100 到 2 且步长为 1,内层循环为从 3 到$\lfloor\sqrt{n}\rfloor+1$ 且步长为 2;从内层循环中循环体语句可以看出该程序是在找素数,n%i==0 该表达式成立则表示 n 值不是素数,跳出内层循环,若内循环完整执行完,则进入 else 子句,输出 n 值,并跳出循环,此时跳出的循环则是外层循环。

答案:97

四、编程题

1. 编程实现输出[1,100]之间所有能被 7 整除但不能被 3 整除的数。

解析:本题考查的是 Python 语言的循环结构与分支结构。首先需要建立循环,循环[1,100]内的数,可以直接从 7 开始循环,使用 for 循环对特定的数列循环更方便;循环体内使用分支结构来判断该数是否满足能被 7 整除但不能被 3 整除,若满足则输出,使用的条件表达式 i%7==0 and i%3!=0。

答案:
```
for i in range(7,101):
    if i%7==0 and i%3!=0:
        print(i,end='')
```

编程题目答案不唯一,符合题目逻辑即可。

2. 编程实现九九乘法表,输出格式如下:

1*1=1
2*1=2 2*2=4
3*1=3 3*2=6 3*3=9
4*1=4 4*2=8 4*3=12 4*4=16
5*1=5 5*2=10 5*3=15 5*4=20 5*5=25
6*1=6 6*2=12 6*3=18 6*4=24 6*5=30 6*6=36
7*1=7 7*2=14 7*3=21 7*4=28 7*5=35 7*6=42 7*7=49
8*1=8 8*2=16 8*3=24 8*4=32 8*5=40 8*6=48 8*7=56 8*8=64
9*1=9 9*2=18 9*3=27 9*4=36 9*5=45 9*6=54 9*7=63 9*8=72 9*9=81

解析:本题考查的是 Python 语言的循环嵌套。九九乘法表是一个二维结构,因此需要两个循环变量控制,一个循环变量 i 控制行,另一个循环变量 j 控制列;通过观察可以发现每个式子的第一个乘数与行号相同,第二个乘数与列号相同,因此可以使用循环嵌套来实现,外层循环控制行,内层循环控制列。此类输出二维图形的题目,都可以使用嵌套循环来实现,关键是要找到循环变量与输出内容的关系,建立相关联的表达式;此外,需要注意空格以及换行的问题,格式要与示例完全相同。

答案:
```
for i in range(1,10):
    for j in range(1,i+1):
        print('{0}*{1}={2}'.format(i,j,i*j),end='')
    print('')
```

编程题目答案不唯一,符合题目逻辑即可。

【习题】

一、选择题

1. 以下选项中,不是 Python 语言基本控制结构的是(　　)。
A. 顺序结构　　B. 选择结构
C. 循环结构　　D. 输入输出结构
2. 以下关于 python 结构的叙述中,正确的是(　　)。
A. Python 语句可以从任意一行开始执行
B. Python 语句可以通过 goto 语句跳转执行
C. 同一层次的 Python 语句必须对齐
D. 变量声明可以写在程序中的任何位置,与变量使用没有关系
3. Python 语言中,以下表达式输出结果为 35 的选项是(　　)。
A. print("3+5")　　B. print(3+5)
C. print(eval("3+5"))　　D. print(eval("3"+"5"))
4. print(r'b\tb')的输出结果是(　　)。
A. b　b　　B. b　　C. b\tb　　D. r'b\tb'
5. 在 Python 语言中,以下函数用来接收用户的键盘输入的是(　　)。
A. input()　　B. output()　　C. scanf()　　D. scan()
6. 语句 x=input()执行时,如果从键盘输入 5 并按回车键,则 x 的值是(　　)。
A. 5　　B. 5.0　　C. '5'　　D. (5)
7. 语句 x,y=eval(input())执行时,输入数据格式错误的是(　　)。
A. 1　2　　B. (1,2)　　C. 1,2　　D. [1,2]
8. 下面代码的输出结果是(　　)。

```
a=2000000
b="-"
print("{0:{2}^{1},}\n{0:{2}>{1},}\n{0:{2}<{1},}".format(a,30,b))
```

A.
```
2,000,000---------------------
---------------------2,000,000
----------2,000,000-----------
```
B.
```
---------------------2,000,000
2,000,000---------------------
----------2,000,000-----------
```
C.
```
---------------------2,000,000
----------2,000,000-----------
2,000,000---------------------
```
D.
```
----------2,000,000-----------
---------------------2,000,000
2,000,000---------------------
```

9. Python 语言对嵌套 if 语句的规定是:else 语句总是与(　　)配对。
A. 其之前最近的 if　　B. 程序中的第一个 if
C. 缩进位置相同且最近的 if　　D. 缩进位置相同且尚未配对的 if
10. 在 Python 语言中,用来决定分支流程的表达式是(　　)。
A. 可用除赋值表达式以外的任意合法表达式　　B. 只能用逻辑表达式或关系表达式
C. 只能用逻辑表达式　　D. 只能用关系表达式

11. 在 Python 中,实现多分支选择结构的较好方法是( )。

A. if　　B. if-else　　C. if-elif-else　　D. if 嵌套

12. 关于分支结构,以下选项中描述不正确的是( )。

A. if 语句中条件部分可以使用任何能够产生 True 和 False 的语句和函数

B. 二分支结构有一种紧凑形式,使用保留字 elif 和 else 实现

C. 多分支结构用于设置多个判断条件以及对应的多条执行路径

D. if 语句中语句块执行与否依赖于条件判断

13. 下面 if 语句统计满足"性别(gender)男,并且年龄(age)小于 18 岁以及大于 22 岁"条件的人数,正确的语句为( )。

A. if(gender=="男" or age<18 and age>22):n+=1

B. if(gender=="男" and age<18 and age>22):n+=1

C. if(gender=="男" or age<18 or age>22):n+=1

D. if(gender=="男" and(age<18 or age>22)):n+=1

14. 给出如下代码:

```
a="watermelon"
b="strawberry"
c="cherry"
if a > b:
    c=a
    a=b
    b=c
```

运行结束后 a、b、c 的值是( )。

A. watermelon strawberry cherry　　B. watermelon cherry strawberry

C. strawberry cherry watermelon　　D. strawberry watermelon watermelon

15. 下列程序段求 x 和 y 中的较大数,不正确的是( )。

A. Max=x if x>y else y

B. if x>y:Max=x
else:Max=y

C. Max=y
if x>y:Max=x

D. if y>x:Max=y
Max=x

16. 以下关于 Python 的控制结构,错误的是( )。

A. 每个 if 条件后要使用冒号

B. 在 Python 中,没有 switch-case 语句

C. Python 中的 pass 是空语句,一般用作占位符

D. elif 可以单独使用

17. 以下可以终结一个循环的关键字的是( )。

A. continue　　B. break　　C. exit　　D. for

18. 以下代码段,不会输出 A,B,C,的选项是( )。

A.
```
for i in range(3):
    print(chr(65+i),end=",")
```

B.
```
for i in [0,1,2]:
    print(chr(65+i),end=",")
```

C.
```
i=0
while i < 3:
    print(chr(i+65),end=",")
    i+=1
    continue
```

D.
```
i=0
while i < 3:
    print(chr(i+65),end=",")
    i+=1
    break
```

19. 以下关于分支和循环结构的描述,错误的是(　　)。

A. Python 在分支和循环语句里使用例如 x<=y<=z 的表达式是合法的

B. 分支结构中的代码块不需要严格的缩进

C. while 循环如果设计不小心会出现死循环

D. 二分支结构的<表达式 1> if <条件> else <表达式 2>形式,适用于简单表达式的二分支结构

20. 关于 Python 的分支结构,以下选项中描述错误的是(　　)。

A. 分支结构使用 if 保留字

B. Python 中 if-else 语句用来描述二分支结构

C. Python 中 if-elif-else 语句描述多分支结构

D. 分支结构可以向已经执行过的语句部分跳转

21. 以下关于循环结构的描述,错误的是(　　)。

A. 遍历循环的循环次数由遍历对象中的元素个数来决定

B. 非确定次数的循环次数是根据条件判断来决定的

C. 非确定次数循环用 while 语句来实现,确定次数的循环用 for 语句来实现

D. 遍历循环对循环的次数是不确定的

22. 设 a=0;b=1,下列语句能正确运行结束的是(　　)。

A. while(a!=5)a+=1　　　　B. while a=1:print(a)

C. for a in 5:print(a)　　　　D. min=a if a<b else b

23. 以下关于循环结构的描述,错误的是(　　)。

A. 如果仅仅是用于控制循环次数,那么使用 for i in range(10)和 for i in range(10,0,-1)的作用是等价的

B. 在编写多层循环时,为了提高运行效率,应尽量减少内循环中不必要的计算

C. 在条件表达式中不允许使用赋值运算符"=",会提示语法错误

D. 带有 else 子句的循环如果执行了 break 语句而退出的话,则会执行 else 子句中的代码

24. 关于 while 循环和 for 循环的区别,下列叙述中正确的是(　　)。

A. while 语句的循环体至少无条件执行一次,for 语句的循环体可能一次也不执行

B. while 语句只能用于循环次数未知的循环,for 语句只能用于循环次数已知的循环

C. 在任何情况下,while 语句和 for 语句可以等价使用

D. break 只能用于 while 循环,不能用于 for 循环

25. 若 k 为整型,下列 while 循环执行的次数为(　　)。

```
k=1000
while k>1:
    print(k)
    k=k/2
```

A. 9　　　　B. 10　　　　C. 11　　　　D. 1000

26. 若 k 为整型,下列 while 循环执行的次数为(　　)。

```
k=10
while k:
    k=k-1
    print(k)
```

A. 0　　　　B. 10　　　　C. 1　　　　D. 无限循环

27. 以下 while 语句中的表达式 not A 等价于(　　)。

```
while not A:
    pass
```

A. A==0　　B. A!=1　　C. A!=0　　D. A==1

28. 以下 for 语句中,sum 初始化为 0,能完成 1~10 的累加功能的是(　　)。

A. for i in range(10):sum+=i　　B. for i in range(10):sum=i

C. for i in range(11):sum+=i　　D. for i in range(11):sum+=sum

29. 给出如下代码:

```
n=0
P=0
while p!=0 and n<100:
    p=int(input())
    n+=1
```

while 循环结束的条件是(　　)。

A. p 的值不等于 0 并且 n 的值小于 100　　B. p 的值不等于 0 或者 n 的值大于等于 100

C. p 的值等于 0 或者 n 的值大于等于 100　　D. p 的值等于 0 并且 n 的值大于等于 100

30. 给出如下代码:

```
while True:
    guess=eval(input())
    if guess==55:
        break
```

作为输入能够结束程序运行的是(　　)。

A. 55　　B. "55"　　C. guess　　D. break

二、填空题

1. Python 3. x 语句 print(1,2,3,sep=',')的输出结果为________。

2. 想要将字符串"[1,2,3,4]"转变为列表[1,2,3,4],可以使用函数____实现。

3. break 语句只能用于____语句和____语句中。

4. 一个球从 100 米的高度自由落下,每次落地后反弹回原来高度的一半,然后再落下,求它在第 10 次落地时,共经过多少米?第 10 次反弹多高?请填空完成程序。

```
s=100
h=100/2
for i in ___(1)___:
    s= ___(2)___
    h= ___(3)___
print("第10次落地共经过{:.2f}米,第10次反弹{:.2f}米".format(s,h))
```

5. 从键盘输入若干名学生的成绩,统计并输出最高分和最低分,当输入负数时结束输入。请填空完成程序。

```
x=eval(input())
amax=x
amin=x
```

```
while ___(1)___:
    if x>amax:
        amax=x
    if___(2)___:
        amin=x
    x=___(3)___
print(amax,amin)
```

6. 由键盘输入任意多个实数，求出平均值 avr 并输出，并且保留 2 位小数，请填空完成程序。

```
t=input().split(" ")
p= ___(1)___
s=sum(p)
avr= ___(2)___
print(___(3)___)
```

7. 打印出以下三角形图形。请填空完成程序。

0
11
222
3333
44444
555555
6666666
77777777
888888888
9999999999

```
for i in___(1)___:
    for j in___(2)___:
        print(i,end="")
___(3)___
```

三、读程序写结果

1. 当键盘输入数字 5 的时候，写出以下程序的运行结果。

```
r=input("请输入半径:")
area=3.1415 * r *r
print("{:.2f}".format(area))
```

2. 写出以下程序的运行结果。

```
t="Hello"
print(t if t>="Hell" else "None")
```

3. 写出以下程序的运行结果。

```
for i in "CHINA":
    for k in range(2):
```

```
        print(i,end="")
        if i=='N':
            break
```

4. 写出以下程序的运行结果。

```
x=10
while x:
    x-=1
    if not x%2:
        print(x,end='')
else:
    print(x)
```

5. 写出以下程序的运行结果。

```
for i in "the number changes":
    if i=='n':
        break
    else:
        print(i,end="")
```

6. 写出以下程序的运行结果。

```
for i in range(3):
    for s in "abcd":
        if s=="c":
            break
        print(s,end="")
```

7. 写出以下程序的运行结果。

```
from math import sqrt
for n in range(99,81,-1):
    root=sqrt(n)
    if root==int(root):
        print(n)
        break
else:
    print("Didn't find it!")
```

四、编程题

1. 利用程序实现如下函数，x 为浮点型数，x 由键盘输入。

$$y=\begin{cases}x^2 & (x<0)\\ \sqrt{x} & (0\leqslant x\leqslant 100)\\ \frac{2}{3}x & (x>100)\end{cases}$$

2. 编写程序求出满足不等式 $1+\frac{1}{2}+\frac{1}{3}+\frac{1}{4}+\frac{1}{5}+\frac{1}{6}+\cdots+\frac{1}{n}\geqslant 5$ 的最小 n 值并输出。

3. 编写程序,由用户输入整数 n,并打印 n 行由“ * ”构成的三角形,如下图所示。

```
    *
   ***
  *****
 *******
*********
```

【习题参考答案】

一、选择题

1~5:D C D C A　6~10:C A D C A　11~15:C B D D D　16~20:D B D B D
21~25:D D D C A　26~30:B A C C A

二、填空题

1. 1,2,3
2. eval()
3. while　for
4. (1)range(10)　(2)s+h * 2　(3)h/2
5. (1)x>=0　(2)x<amin　(3)eval(input())
6. (1)map(eval,t)　(2)s/len(t)　(3)"{.2f}".format(avr)
7. (1)range(10)　(2)range(i+1)　(3)print("")

三、读程序写结果

1. 78.54
2. Hello
3. CCHHIINAA
4. 864200
5. the
6. ababab
7. Didn't find it!

四、编程题

1. 参考代码:

```
x=eval(input())
if x < 0:
    y=x ** 2
elif 0<=x<=100:
    y=x ** 0.5
else:
    y=2 * x/3
print(y)
```

2. 参考代码：

```
s=0
i=1
while True:
    s+=1/i
    if s>=5:
        break
    i+=1
print(i)
```

3. 参考代码 1：

```
n=int(input())
for i in range(1,n+1):
    print(('*'*(2*i-1)).center(2*n-1))
```

参考代码 2：

```
n=int(input())
for i in range(1,n+1):
    print((' '*(n-i))+('*'*(2*i-1)))
```

第5章 模块化程序设计(一)

【典型例题解析】

一、选择题

1. 在 Python 中,可以直接调用的函数称为(　　)。

A. 内置函数　　B. 标准库函数

C. 第三方库函数　　D. 用户自定义函数

解析:本题考查 Python 不同类型函数的特点。内置函数可以直接调用;标准库函数和第三方库函数需要使用 import 语句导入库;用户自定义函数需要先定义函数。

答案:A

2. 下列函数中哪个不是 Python 的内置函数(　　)。

A. len()　　B. list()　　C. input()　　D. turtle. color()

解析:本题考查 Python 标准库函数基础知识。turtle. color()是标准库 turtle 中的函数。其余三项均为 Python 的内置函数。

答案:D

3. Python 中查看变量类型的内置函数是(　　)。

A. id()　　B. type()　　C. bool()　　D. eval()

解析:本题考查对 Python 内置函数的基本认识。id()用于查看变量内存地址;type()用于查看变量类型;bool()用于将参数转换为布尔类型;eval()用来执行一个字符串表达式,并返回表达式的值。

答案:B

4. 函数是一段代码的表示,可降低编程难度和实现(　　)。

A. 格式化输出　　B. 自动补全　　C. 代码复用　　D. 面向对象编程

解析:本题考查函数的基本概念。函数是组织好的、可重复使用的,用来实现单一或相关联功能的代码段。函数能提高应用的模块性和代码的重复利用率。

答案:C

5. 定义函数时,若函数中没有 return 语句,则默认返回(　　)。

A. 0　　B. False　　C. Empty　　D. None

解析:本题考查函数中 return 语句的基本知识。Python 语言函数中没有 return 或 return 不带参数时返回“空值”;Python 中的空值用 None 表示,None 与 False 不同,不表示 0。

答案:D

6. 下列函数名符合规则的是(　　)。

A. _sort　　B. 2times　　C. List　　D. Y? N

解析:本题考查 Python 语言的命名规则。函数命名规则与变量命名规则一致,可用字母、数字、下划线命名,不能用数字开头,且不能与关键字重复。

答案:A

7. 要使用一个现有的函数,需要对该函数进行(　　)。

A. 定义　　B. 调用　　C. 声明　　D. 引用

解析:本题考查 Python 语言中函数的基本使用方法。使用一个已被定义的函数,需要对该函数进行调用。

答案:B

8. 一般情况下,函数的定义和调用之间的顺序为(　　)。

A. 定义在调用之后　　B. 定义和调用同时进行

C. 定义在调用之前　　D. 两者无先后顺序

解析:本题考查函数定义与调用的关系。在 Python 中,函数先定义,后调用(函数调用函数除外)。

答案:C

9. 关于标准库函数的调用,下列说法正确的是(　　)。

A. 调用前需导入相关库　　B. 调用前需要先定义

C. 可直接调用　　D. 以上说法都不对

解析:本题考查 Python 调用库函数的方法。标准库函数及第三方库函数需要先使用 import 语句导入库后才能调用。

答案:A

10. 关于函数参数,下列说法正确的是(　　)。

A. 函数至少需要一个参数　　B. 函数可以不接收任何参数

C. 函数最多接收一个参数　　D. 以上说法都不正确

解析:本题考查 Python 函数的参数。函数可以不接收任何参数,也可以接收一个或多个参数。

答案:B

11. 关于函数的默认参数,下列说法正确的是(　　)。

A. 函数调用时,默认参数必须填写

B. 函数调用时,默认参数不可修改

C. 函数调用时,若没有传入默认参数,则默认参数为默认值

D. 函数调用时,若没有传入默认参数,则会发生错误

解析:本题考查默认参数的使用。调用函数时,默认参数的值若没有传入,则为默认值。

答案:C

12. 关于函数的关键字参数,下列说法正确的是(　　)。

A. 函数调用时,关键字参数输入顺序须和定义时一致

B. 函数调用时,关键字参数输入顺序无须和定义时一致

C. 函数调用时,关键字参数必须指明对应的参数名

D. 以上说法都不对

解析：本题考查关键词函数。关键字参数的输入顺序无须和定义时一致，Python 解释器能够用参数名匹配参数值。当没有指明输入参数对应的参数名时，默认按顺序匹配参数。

答案：B

13. 关于函数的返回值，下列说法正确的是（　　）。

A. 函数必须有返回值　　B. 函数返回值默认为 0

C. 定义函数时必须指定返回值类型　　D. 以上说法都不对

解析：本题考查函数返回值的基本性质。函数可以有返回值，也可以没有；返回值不带参数时默认返回 None；函数定义时不需要指定返回类型。

答案：D

14. 列表对象的 sort( ) 方法用来对列表元素进行原地排序，该函数返回值为（　　）。

A. True　　B. False　　C. 0　　D. None

答案：D

15. 如果在函数中有语句 return 3，那么（　　）。

A. 该函数一定会返回整数 3　　B. 该函数一定返回浮点数 3

C. 该函数一定不会返回 None　　D. 以上说法都不对

解析：本题考查 return 语句。一个函数可存在多个 return 语句。但同一层次的 return 只能执行其中一句。可通过分支语句实现不同的返回结果。

答案：D

16. 关于函数的嵌套调用，下列说法正确的是（　　）。

A. 函数不能嵌套调用它本身

B. 甲函数嵌套调用的乙函数必须在甲函数之前定义

C. 甲函数嵌套调用的乙函数必须在甲函数内部定义

D. 以上说法都不对

解析：本题考查函数的嵌套调用。函数可以调用自己；处于同一作用域的函数在相互调用时，函数定义的先后顺序对其没有影响。

答案：D

17. 关于函数的嵌套调用的定义，下列说法正确的是（　　）。

A. 函数的嵌套调用就是多个函数连续调用

B. 函数的嵌套调用就是在函数中调用函数

C. 函数的嵌套调用只能在自定义函数中使用

D. 以上说法都不对

解析：函数的嵌套调用是指在函数中调用函数，被调用的函数可以是其他函数，也可以是它本身；函数的嵌套调用对函数类别没有限制，常见的内置函数嵌套调用如

```
print(len("Hello"))。
```

答案：B

18. 下列代码的运行结果是（　　）。

```
def func1():
    print('this is func1')


    def func2():
        print('this is func2')
func1()
```

A. this is func1
this is func2

B. this is func1

C. this is func2

D. this is func2
this is func1

解析:本题考查对嵌套调用的理解。函数 func2( )虽然在 func1( )中定义,但是并没有被调用,因此调用 func1 时只执行第二行的语句。

答案:B

19. 关于函数的递归调用,下列说法正确的是(　　)。

A. 必须有一个明确的结束条件

B. 可以没有 return 语句

C. 递归的代码更简洁,运行效率更高

D. 以上说法都不对

解析:本题考查函数递归。递归必须有一个明确的结束条件,达到条件时逐层回退,否则会无限递归(部分编译器有递归深度限制);一般情况下,递归占用的资源相比循环高,效率略低。

答案:A

20. 若 num=5,下列代码的运行结果是(　　)。

```
def demo(num):
    if num = =1:
        return num
    else:
        return num * demo(num-1)
```

A. 120　　B. 5　　C. 60　　D. None

解析:本题考查对递归的理解与运用。这段代码是基于递归实现的阶乘运算,即 5!。运行过程如下:

```
demo(5)
return 5 * demo(4)
        return 4 * demo(3)
                return 3 * demo(2)
                        return 2 * demo(1)
                                return 1
```

答案:A

21. 若一个递归函数没有 return 语句,则(　　)。

A. 默认返回 None

B. 函数无法进行递归

C. 函数会无限递归

D. 以上说法都不对

解析:本题考查递归函数的性质。递归函数必须具有 return 语句以实现递归的结束,若没有明确的结束条件,函数会无限递归。

答案:C

22. 定义在函数内部的变量称为(　　)。

A. 全局变量　　B. 局部变量　　C. 自变量　　D. 以上都不对

解析:本题考查函数的有效范围。定义在函数内部的变量拥有一个局部作用域,称为局部变量;定义在函数外的拥有全局作用域,称为全局变量。

答案:B

23. 下列说法正确的是(　　)。

A. 局部变量只能在其被声明的函数内部访问

B. 局部变量可以在整个程序范围内访问

C. 全局变量只能在其被声明的函数内部访问

D. 以上都不对

解析:本题考查全局变量、局部变量。局部变量只能在其被声明的函数内部访问;全局变量可以在整个程序范围内访问。

答案:A

24. 当内部作用域想修改外部作用域的变量时,要使用关键词(　　)。

A. static　　B. public　　C. private　　D. global

解析:Python 中在内部作用域想修改外部作用域的变量时,要使用关键词 global 对变量进行声明;不能在用 global 声明的同时对变量修改,需先声明在修改;其余三个选项常见于类 C 语言中。

答案:D

25. 关于内部函数,下列说法正确的是(　　)。

A. 外部函数被调用时,内部函数也被调用　　B. 内部函数定义在外部函数之中

C. 可以从 main 中直接调用内部函数　　D. 以上说法都不对

解析:本题考查内部、外部函数。外部函数调用时不会同时调用内部函数,内部函数需独立调用,且内部函数只能在外部函数中调用。不能从全局范围直接调用一个函数的内部函数。

答案:B

26. 关于外部函数,下列说法正确的是(　　)。

A. 外部函数可以被内部函数调用

B. 外部函数无法被内部函数调用

C. 外部函数被内部函数调用一定会触发死循环

D. 以上说法都不对

解析:本题考查内部、外部函数及函数嵌套调用。内外部函数之间的相互调用本质上是函数的嵌套调用。外部函数可以被内部函数调用,只要有合适的结束条件就不会触发死循环。

答案:A

27. 下段程序运行结果是(　　)。

```
def outFunc(a):
  print("this is out")
      def inFunc(b):
            outFunc(b-1)

outFunc(2)
```

A. this is out　　B. 两行 this is out

C. 死循环(无数行 this is out)　　D. 以上都不对

解析:本题考查对内部、外部函数及函数嵌套调用的理解。虽然外部函数中定义了内部函数,但是没有对其进行调用,因此调用外部函数时不会执行内部函数,即只会输出一行。

答案:A

28. 下列说法正确的是(　　)。

A. 可以从其他文件中调用函数　　B. 不能从其他文件中调用函数

C. 其他文件中的函数可以直接调用　　D. 以上都不对

解析:本题考查文件包含。Python 可以调用其他文件中的函数,在调用之前使用 import 语句导入文件即可。导入的语法与导入库类似,但是导入文件时要注意文件路径(了解)。

答案:A

29. 若想从文件"demo. py"中调用函数,下列说法正确的是(　　)。

A. 直接调用相关函数即可

B. 使用 import 语句后直接调用相关函数即可

C. 使用 import 语句后,要在被调用函数前加上 demo.

D. 以上说法都不对

解析:本题考查 Python 跨文件调用函数的方法。先用 import 导入相关文件,同时调用函数时要在函数名前加上"文件名."的前缀。

答案:C

30. 下段 main 文件中的代码运行结果为(　　)。

demo. py	main. py

def func( ):
    print("Hello")
	import demo
	def func( ):
	    print("World")
	demo. func( )

A. Hello World　　B. World　　C. Hello　　D. World Hello

解析:本题考查文件包含。调用其他文件的函数时需要先导入相关文件,同时使用"文件名. 函数名"的形式调用函数。

答案:C

二、填空题

1. 在 Python 中,调用标准库函数前需使用______语句导入相关的标准库。

解析:本题考查 Python 中导入库的方法。常用的有以下几种:将整个模块(somemodule)导入,格式为:import somemodule,从某模块中导入某函数:from somemodule import somefunc。

答案:import

2. print( )属于______函数。

解析:print( )在 Python3. x 中属于内置函数,可以直接调用。拓展:Python3. x 中 print 不是函数,使用时不需要加括号。

答案:内置

3. 函数定义需要使用______关键字。

答案:def

4. 函数内容以冒号起始,并且______。

解析:上述两题考查 Python 语言中定义函数的基本方法,应为:关键词 def+函数名+冒号,并用缩进划分函数内容。格式如下

```
def function_name:
    content
    …………
```

答案:缩进

5. 一般情况下,调用函数之前,需要先______函数。

解析:除了函数内调用函数之外,其他情况下调用函数之前必须先定义函数。在函数内调用函数自身或其他函数,被调用函数只需在全局范围内存在定义即可,无须在调用者之前

定义。

答案:定义

6. 函数______(填"能"或"不能")调用它本身。

解析:函数内部可以调用其他函数,也可以调用它本身,调用自身的函数即为递归函数。

答案:能

7. 定义如 def demo(arg, * args):的函数,其参数属于______参数。

解析:本题考查不定长参数。加了星号(*)的变量名会存放所有未命名的变量参数。外部调用函数传递多个参数时,默认按顺序实参匹配形参,剩余的参数全部作为(元组)不定长参数传递;如果没有为函数的不定长参数传递参数,默认为空元组()。

答案:不定长

8. 必备参数输入时,必须按照正确的______输入,且数量与定义时______。

解析:本题考查必备参数。必备实参的输入在数量、顺序上与函数定义时的形参应完全一致,若数量不同解释器会报错;若顺序不同,程序可能不会报错,但会发生逻辑错误,无法实现函数原有功能。

答案:顺序,相同

9. len("Hello")的返回值为______。

解析:len()函数是 Python 的内置函数,可以返回列表、字典、元组、字符串等的元素个数。

答案:5

10. return 语句______("能"或"不能")返回一个函数。

解析:本题考查 return 语句。return 语句将结果返回到调用的地方,并把程序的控制权一起返回。return 可以返回值(jiben 数据类型、组合数据类型)、语句或函数。

答案:能

11. print(float(str(int(3.14)))+6)的输出结果是______。

解析:本题考查对多层函数嵌套调用的理解。多层函数嵌套调用,由内向外依次执行,即依次将 3.14 转换为整型、字符串、浮点型,然后与整型相加,结果为浮点型。

答案:9.0

12. 下列代码的运行结果是______(若程序错误则填写"无法运行")。

```
def func1(num):
    return func2(num)
def func2(num):
    return 0

print(func1(2))
```

解析:本题考查函数嵌套调用、函数调用函数以及 return 语句的相关知识。func1 的 return 语句中调用 func2;func2 直接返回 0。因此 func1 的最终返回结果为 0。同一层次的函数的嵌套调用无须先定义后调用,即 func1 可以调用在之后定义的 func2。

答案:0

13. 函数直接或者间接的调用______称为递归。

解析:本题考查递归函数的概念,函数直接或间接调用自身的操作称为递归。

答案:自身

14. 若 num=100,则下述函数的返回值为______。

```
def func(num):
    if num ==1:
        return num
    else:
        return num+func(num-1)
```

解析:本题考查对递归的理解与运用。利用递归实现累加运算,即 1+2+3+…+100。具体原理为:当传入参数 num 不为 1 时,函数返回语句“以 num-1 作为参数调用自身,并加上 num”;在内部被调用的函数重复上述过程,直至传入参数 num=1 时,递归结束的条件达成,开始逐层返回结果。

答案:5050

15. 下述代码输出结果为______。

```
a=1
def func():
    a=2


func()
print(a)
```

解析:本题考查函数的范围及全局、局部变量。第六行 print(a)中的 a 为全局变量,而函数内部的 a 为局部变量,两者相互独立,在内存中处于不同的地址,互不影响。在函数内修改局部变量 a 不会影响全局变量 a。

答案:1

16. 下述代码输出结果为______。

```
a=1
def func():
    global a
    a=2
func()
print(a)
```

解析:本题考查函数的范围及全局、局部变量。关键词 global 可以声明变量为全局变量。题目中 global a 表示此后使用的 a 为函数外的全局变量。因此函数内对变量 a 的修改本质上是对全局变量 a 的修改。

答案:2

17. 下段程序运行结果是______。

```
def outFunc(num1):
    if num1==0:
        return num1
    def inFunc(num2):
        return outFunc(num2)
    return num1+inFunc(num1-1)
print(outFunc(5))
```

解析:该段代码等价于递归实现累加运算,虽然内部函数中调用了外部函数,但它是在 return 中调用的,即直接返回外部函数结果,也即可以看作是外部函数直接调用自身(递归),

而外部函数中有明确的结束条件,因此不会发生死循环。该函数实现由 1 到 num1 的累加运算。

答案:15

18. 同一外部函数的多个内部函数之间__________(“能”或“不能”)相互调用。

解析:本题考查内部函数及函数范围。同一外部函数的多个内部函数之间可以相互调用,因为它们处于同一作用域;而不同外部函数的内部函数之间无法相互调用。

答案:能

19. 若要调用 demo. py 中的函数,应先__________(写出相关代码)。

答案:import demo

20. 若已导入 demo. py 文件,则调用该文件中的 func()函数,应________(写出相关代码)。

解析:本题考查跨文件调用函数的方法与注意事项。调用其他文件的函数时需要先导入相关文件,同时使用“文件名. 函数名”的形式调用函数。一般情况下默认主文件和待导入文件位于同一路径下。跨路径导入文件不在掌握范围内。

答案:demo. func()

三、读程序写结果

1. 请写出下列代码的运行结果:

```
def demo(name,age=18):
        print('Name:',name)
        print('Age:',age)
        return

demo(name='Tom')
```

解析:问题考查默认参数的相关知识。调用函数时,默认参数的值如果没有传入,则被认为是默认值。默认参数必须位于所有参数的末端。本题的函数含有两个参数,其中第二个参数 age=18 为默认参数,在调用该函数时,未传入默认参数,因此形参 age 默认值为 18。此外,在调用含有默认参数的函数时,实参会按顺序匹配形参,例如本题中 demo(name='Tom')可写作 demo('Tom');又如 demo('Alice',21),其中 name='Alice',age=21;也可像题目中一样用关键词匹配参数,使用关键词匹配时参数顺序可打乱,如 demo(age=74,name='Trump')。

答案:Name:Tom

    Age:18

2. 请写出下列代码的运行结果:

```
def demo_2(num_1, *num_n):
    print(num_1)
    for i in num_n:
        print(i)
    return

demo_2(10,20,50)
```

解析:加了星号(*)的变量名会存放所有未命名的变量参数,即不定长参数。未命名的参数以元组的形式存储,因此未命名参数可以是不同的数据类型;若不存在未命名的参数,则默认为空元组。

答案：

10

20

50

3. 请写出下列代码的运行结果：

```
total=0
def demo_3(num_1,num_2):
    total=num_1+num_2
    print(total)
    return total

demo_3(2,5)
print(total)
```

解析：定义在函数内部的变量拥有一个局部作用域，定义在函数外的拥有全局作用域。局部变量只能在其被声明的函数内部访问，而全局变量可以在整个程序范围内访问。调用函数时，所有在函数内声明的变量名称都将被加入作用域中。本题中第一行的 total 是全局变量，第四行的 total 是局部变量。

答案：

7

0

4. 请写出下列代码的运行结果：

```
def demo_4(num):
    if num > 1:
        return num * demo_4(num-1)
    else:
        return num

print(demo_4(5))
```

解析：本题通过函数的递归调用，实现阶乘运算。若传入参数大于 1，则递归调用自身，直至传入参数为 1 时结束。

答案：120

5. 请写出下列代码的运行结果：

```
b=[2,3]
def func():
    b[0]=1


print("before func b:",b)
func()
print("after func b:",b)
```

解析：本题考查全局、局部变量的相关知识。对于全局变量的修改，如果全局变量是整型(int)及其他基本数据类型(如 float 等)，或者字符串(str)，那么如果想要在函数中对函数变量进行修改，则需要先在函数内声明其为 global，再进行修改；如果是组合数据类型(list、dict

等),则可以直接通过函数对其修改。

答案:

before func b:[2,3]
after func b:[1,3]

四、编程题

1. 请编写函数实现:传入两个参数(非零整数),返回两个参数的最大公约数。

解析:题考查函数的运用及对基本数理知识的编程实现。利用辗转相除法求最大公约数。当 a 无法整除 b 时,令 a 等于 b,b 等于 a 除以 b 取余数。重复该操作直至 a 能整除 b,此时 b 即为 a、b 的最大公约数。Python 中,可以用语句 x,y=y,x 方便互换两数的值。其中等号左边必须是可修改的左值,等号右边可以是一段表达式。关于左值的定义详见前面章节。

参考答案:

```
def gcd(a,b):
    while a % b != 0:
        a,b=b,a % b
    return b
```

2. 请编写函数,实现输出如下所示由符号组成的图形。符号和行数作为参数可由用户指定(行数为奇数)。

```
  *            #
 ***          ###
*****        #####
 ***        #######
  *          #####
              ###
               #
```

解析:本题考查函数的编写与字符串操作。center 方法可将字符串居中输出,第一个参数为长度,第二个参数为填充字符,默认为空格。用变量 i 记录当前这一行所应当输出的符号数量,每输出一行,i 的值改变(因为每行的符号数为奇数,因此 i±2);当行数小于总行数一半[总行数除以 2 取整,可用 int()函数下取整数实现]时 i+2,反之 i-2;也可根据"最长一行的符号数量等于行数"的规律,判断 i 小于 num(即未达到最长一行前)时+2,大于 num(达到最长一行之后)-2。方法不唯一。

参考答案一:

```
def demo(symbol,num):
  i=1
  for j in range(num):
    print((i * symbol).center(num))
    if j < int(num/2):
      i+=2
    else:
      i-=2
```

参考答案二:

```
def demo(symbol,num):
```

```
    i=1
    flag=False
    while i > 0:
        print((i * symbol).center(num))
        if i==num:
            flag=True
        if flag:
            i-=2
        else:
            i+=2
```

3. 已知有列表:

```
L=[[6,3,4],21,[[19,18],21],99]
```

编写一个函数,打印出列表中所有数字。

解析:本题考查函数参数、函数递归及列表相关操作。组合数据类型作为参数时,函数可直接对其访问修改。if type(x)!=list 用于判断列表中对应元素是一个列表还是数值,如果是数值,则直接打印,否则调用自身递归将对应列表内元素进行打印。此函数虽然没有 return 语句,但当其打印完一个列表中所有元素后便会结束并回溯,由于列表是有限的,因此该函数不会无限递归陷入死循环。

参考答案:

```
L=[[6,3,4],21,[[19,18],21],99]
def print_list(L):
    for x in L:
        if type(x)!=list:
            print(x,end=' ')
        else:
            print_list(x)

print_list(L)
```

4. 编写函数,实现将一个数逆序放入列表中,如 1234→[4,3,2,1]。

解析:本题考查了函数参数、返回值等知识。lst 为默认参数,默认为空列表;通过列表和字符串的基本操作实现题目要求,并用 return 返回最终列表。

参考答案:

```
l='1234'
length=len(l)
def foo(length,lst=[]):
    if length==0:
        return lst
    lst.append(l[length-1])
    return foo(length-1,lst)

print((foo(length)))
```

5. 编写函数,实现将一个列表中值为 0 的元素移动至列表尾部(要求直接对原列表进行操作)。

解析：本题考查函数参数的相关知识。不同于全局变量，列表作为参数传入函数时，函数可直接对其进行修改。while 0 in l 实现循环遍历列表直至其中没有元素0，同时每次循环删除列表中的元素0，并记录删除数量；根据删除元素的数量，向列表末尾重新加入元素0。

参考答案：

```
l=[1,0,2,0,3]
def func(L):
    total=0
    while 0 in l:
        l.remove(0)
        total+=1
    for i in range(total):
        l.append(0)

func(l)
print(l)
```

【习题】

一、选择题

1. 关于 import 引用，以下选项中描述错误的是(　　)。

A. 使用 import turtle 引入 turtle 库

B. 可以使用 from turtle import setup 引入 turtle 库

C. 使用 import turtle as t 引入 turtle 库，取别名为 t

D. import 保留字用于导入模块或者模块中的对象

2. 关于 Python 的全局变量和局部变量，以下选项中描述错误的是(　　)。

A. 局部变量指在函数内部使用的变量，当函数退出时，变量依然存在，下次函数调用可以继续使用

B. 使用 global 保留字声明简单数据类型变量后，该变量作为全局变量使用

C. 简单数据类型变量无论是否与全局变量重名，仅在函数内部创建和使用，函数退出后变量被释放

D. 全局变量指在函数之外定义的变量，一般没有缩进，在程序执行全过程有效

3. 关于局部变量和全局变量，以下选项中描述错误的是(　　)。

A. 局部变量和全局变量是不同的变量，但可以使用 global 保留字在函数内部使用全局变量

B. 局部变量是函数内部的占位符，与全局变量可能重名但不同

C. 函数运算结束后，局部变量不会被释放

D. 局部变量为组合数据类型且未创建，等同于全局变量

4. 关于函数作用的描述，以下选项中错误的是(　　)。

A. 复用代码　　B. 增强代码的可读性

C. 降低编程复杂度　　D. 提高代码执行速度

5. 假设函数中不包括 global 保留字,对于改变参数值的方法,以下选项中错误的是(　　)。
A. 参数是 int 类型时,不改变原参数的值
B. 参数是组合类型(可变对象)时,改变原参数的值
C. 参数的值是否改变与函数中对变量的操作有关,与参数类型无关
D. 参数是 list 类型时,改变原参数的值
6. Python 中函数不包括(　　)。
A. 标准函数　　B. 第三库函数　　C. 内建函数　　D. 参数函数
7. 以下关于 Python 内置函数的描述,错误的是(　　)。
A. hash()返回一个可计算哈希的类型的数据的哈希值
B. type()返回一个数据对应的类型
C. sorted()对一个序列类型数据进行排序
D. id()返回一个数据的一个编号,跟其在内存中的地址无关
8. 以下关于函数参数传递的描述,错误的是(　　)。
A. 定义函数的时候,可选参数必须写在非可选参数的后面
B. 函数的实参位置可变,需要形参定义和实参调用时都要给出名称
C. 调用函数时,可变数量参数被当作元组类型传递到函数中
D. Python 支持可变数量的参数,实参用“*参数名”表示
9. 以下关于 Python 函数使用的描述,错误的是(　　)。
A. 函数定义是使用函数的第一步
B. 函数被调用后才能执行
C. 函数执行结束后,程序执行流程会自动返回到函数被调用的语句之后
D. Python 程序里一定要有一个主函数
10. 以下关于函数参数和返回值的描述,正确的是(　　)。
A. 采用名称传参的时候,实参的顺序需要和形参的顺序一致
B. 可选参数传递指的是没有传入对应参数值的时候,就不使用该参数
C. 函数能同时返回多个参数值,需要形成一个列表来返回
D. Python 支持按照位置传参也支持名称传参,但不支持地址传参
11. 以下关于函数的描述,错误的是(　　)。
A. 函数是一种功能抽象　　B. 使用函数的目的只是增加代码复用
C. 函数名可以是任何有效的 Python 标识符　　D. 使用函数后,代码的维护难度降低了
12. 以下程序的输出结果是(　　)。

```
def fun1(a,b,*args):
    print(a)
    print(b)
    print(args)
fun1(1,2,3,4,5,6)
```

A. 1
2
[3,4,5,6]

B. 1,2,3,4,5,6

C. 1
2
(3,4,5,6)

D. 1
2
3,4,5,6

13. 以下程序的输出结果是(　　)。

```
def func(num):
    num *=2
x=20
func(x)
print(x)
```

A. 40　　B. 出错　　C. 无输出　　D. 20

14. 使用(　　)关键字声明匿名函数。

A. function　　B. func　　C. def　　D. lambda

15. 阅读下面的程序:

```
def func():
    print(x)
    x=100
func()
```

执行上述语句后,输出的结果为(　　)。

A. 0　　B. 100

C. 程序出现异常　　D. 程序编译失败

16. 下列函数调用使用的参数传递方式是(　　)。

```
result=sum(num1,num2,num3)
```

A. 位置绑定　　B. 关键字绑定

C. 变量类型绑定　　D. 变量名称绑定

17. 函数可以有多个参数,参数之间使用(　　)分隔。

A. 逗号　　B. 分号　　C. 空格　　D. 单引号

18. 通过(　　)结束函数,从而选择性地返回一个值给调用方。

A. return　　B. exit　　C. over　　D. back

19. 在函数里面调用另外一个函数,这就是函数(　　)调用。

A. 递归　　B. 嵌套

C. 重复　　D. 反复

20. 带有默认值的参数一定位于参数列表的(　　)。

A. 开头　　B. 中间

C. 末尾　　D. 任意位置

21. 默认情况下,参数值和参数名是跟函数声明定义的顺序匹配的(　　)。

A. 名称　　B. 顺序

C. 长度　　D. 以上都不对

22. 关于 Python 的 lambda 函数,以下选项中描述错误的是(　　)。

A. 可以使用 lambda 函数定义列表的排序原则

B. f=lambda x,y:x+y 执行后,f 的类型为数字类型

C. lambda 函数将函数名作为函数结果返回

D. lambda 用于定义简单的、能够在一行内表示的函数

23. 关于函数的可变参数,可变参数 * args 传入函数时存储的类型是(　　)。

A. list　　B. set　　C. dict　　D. tuple

24. 以下程序的输出结果是(　　)。

```
def func(a, *b):
        for item in b:
                a+=item
        return a
m=0
print(func(m,1,1,2,3,5,7,12,21,33))
```

A. 33　　B. 0　　C. 7　　D. 85

25. 关于以下程序输出的两个值的描述正确的是(　　)。

```
da=[1,2,3]
print(id(da))
def getda(st):
    fa=da.copy()
    print(id(fa))
getda(da)
```

A. 两个值相等　　B. 每次执行的结果不确定

C. 首次不相等　　D. 两个值不相等

二、填空题

1. Python 内置函数__________可以返回列表、元组、字典、集合、字符串以及 range 对象中元素个数;内置函数__________用来返回数值型序列中所有元素之和。

2. 已知列表对象 x=['11','2','3'],则表达式 max(x,key=len)的值为__________。

3. 使用列表推导式得到 100 以内所有能被 13 整除的数的代码可以写作____。

4. Python 中定义函数的关键字是__________。

5. 在函数内部可以通过关键字______________来访问全局变量。

6. 如果函数中没有 return 语句或者 return 语句不带任何返回值,那么该函数的返回值为__________。

7. 导入标准库需要的关键字是__________。

8. 已知函数定义

```
def demo(x,y,op):
    return eval(str(x)+op+str(y))
```

那么表达式 demo(3,5,'+')的值为__________。

9. 函数自己调用自己称为__________。

10. 在函数内部直接修改形参的值__________(影响/不影响)外部实参的值。

11. 调用带有默认值参数的函数时,__________(能/不能)为默认值参数传递任何值。

12. 形参可看作是函数内部的局部变量,函数运行结束之后,形参__________(能/不能)访问。

13. 在 Python 中定义函数时______(需要/不需要)声明函数参数的类型。

14. 在定义函数时,某个参数名字前面带有一个______符号表示可变长度参数,可以接收任意多个普通实参并存放于一个______之中。

15. 定义函数时,带有默认值的参数必须出现在参数列表的最____端。

三、读程序写结果

1. 以下程序的输出结果是：

```
def test(b=2,a=4):
    global z
    z+=a * b
    return z
z=10
print(z,test())
```

2. 以下程序的输出结果是：

```
def func():
    x=200
    def func2():
        print(x)
    func2()
x=100
func()
print(x)
```

3. 以下程序的输出结果是：

```
def hub(ss,x=2.0,y=4.0):
    ss+=x * y
ss=10
print(ss,hub(ss,3))
```

4. 以下程序的输出结果是：

```
ls=[]
def func(a,b):
    ls.append(b)
    return a * b
s=func("Hello!",2)
print(s,ls)
```

5. 以下程序的输出结果是：

```
def change(a,b):
    a=10
    b+=a
a=4
b=5
change(a,b)
print(a,b)
```

四、编程题

1. 编写一个函数,它有一个参数 num。如果参数是偶数,那么就打印出 num//2;如果 num 是奇数,就打印 3 * num+1。

2. 编写一个函数,可以接收任意多个数,返回的是一个元组。元组的第一个值为所有参数的平均值,第二个值是大于平均值的所有数。

3. 编写一个程序,判断一个数是否是质数。如果是质数,输出 True;否则,输出 False。

4. 编写一个函数,用于统计一行字符串中某个字符出现的次数。

5. 编写一个程序,用列表的形式呈现杨辉三角。

如:

[1]
[1,1]
[1,2,1]
[1,3,3,1]
[1,4,6,4,1]
[1,5,10,10,5,1]
[1,6,15,20,15,6,1]
[1,7,21,35,35,21,7,1]

【习题参考答案】

一、选择题

1~5:B A C D C　　6~10:D D D D D　　11~15:B D D D C　16~20:A A A B C
21~25:B B D D D

二、填空题

1. len()　　sum()
2. 11
3. L=[i for i in range(101) if i % 13==0]
4. def
5. global
6. None
7. import
8. 8
9. 递归
10. 不影响
11. 能
12. 不能
13. 不需要
14. *　　元组
15. 右

三、读程序写结果

1. 10 18
2. 200
   100
3. 10 None
4. 4. Hello！ Hello！［2］
5. 4 5

四、编程题

1. 参考代码：

```
def collatz(num):
  print(num//2 if num % 2==0 else 3 * num+1)
```

2. 参考代码：

```
def cacluate( * num):
  li=[]
  avg=sum(num)/len(num)
  for i in num:
    if i > avg:
      li.append(i)
  return avg,li
```

3. 参考代码：

```
def isPrime(num):
  for i in range(2,num):
    if num%i==0:
      return 0
      break
  return 1

num=int(input())
if isPrime(num):
  print("True")
else:
  print("Flase")
```

4. 参考代码：

```
def count(a,c):
  sum=0;
  for i in a:
    if i==c:
      sum+=1
  return sum
```

5. 参考代码：

```
def yanghui(max):
    L=[1]
    print(L)
    n=0
    while n < max:
        L.append(0)
        L=[L[i-1]+L[i] for i in range(len(L))]
        print(L)
        n+=1
for l in yanghui(7):
    print(l)
```

第6章

模块化程序设计（二）

【典型例题解析】

一、选择题

1. 以下关于 Python 函数默认参数说法错误的是(　　)。

A. 默认参数的默认值一旦确定就无法修改

B. 默认参数是在函数定义时确定的

C. 默认参数一般放在参数列表的最后

D. 默认参数只初始化一次

解析：本题考查的是 Python 语言的默认参数。函数的参数可以有一个默认值，如果提供有默认值，在函数定义中，默认参数以赋值语句的形式提供，并且只会被初始化一次；默认参数的值可以更改；默认参数一般需要放置在参数列表的最后；故答案为 A。

答案：A

2. 以下关于 Python 函数关键字参数(指明参数)说法错误的是(　　)。

A. 关键字参数与函数定义无关

B. 关键字参数是让调用者通过使用参数名区分参数

C. 关键字参数的使用可以在位置参数之前

D. 关键字参数允许在函数调用时改变参数列表中的参数顺序

解析：本题考查的是 Python 语言的关键字参数。关键字参数的作用是让调用者在调用函数传参的过程中通过使用参数名区分参数，从而不需要记住参数的顺序；关键字参数的使用必须要在位置参数之后，因为关键字参数的出现会打乱参数列表中参数的顺序，如果在位置参数之前就出现了关键字参数，相当于已经打乱了参数列表中参数的顺序，那么关键字参数后面的参数到底是赋值给哪个参数就无法确定了。故错误的选项为 C。

答案：C

3. 关于函数的可变长度参数(可变实参个数)，可变长度参数 * args 传入函数时存储的类型是(　　)。

A. list　　　　B. set　　　　C. dict　　　　D. tuple

解析：本题考查的是 Python 语言的可变长度参数类型。在定义函数时，参数名字前面带有一个星号(*)表示可变长度参数,可以接受任意多个位置参数并存放于一个元组之中;参数名字前面带有两个星号(**)也表示可变长度参数,可以接受任意多个关键字参数并存放于一个字典之中。故选 D。

答案:D

4. 关于 Python 函数,以下选项中描述错误的是(　　)。

A. Python 函数支持嵌套调用　　B. Python 函数不支持嵌套定义

C. 函数名是指向一个函数对象的引用　　D. 可以把函数名赋给一个变量

解析:本题考查的是 Python 语言的函数嵌套以及函数引用的基本概念。Python 函数既支持函数嵌套调用,也支持函数嵌套定义,故选项 B 错误。函数名其实就是指向一个函数对象的引用,完全可以把函数名赋给一个变量,相当于给这个函数起了一个"别名",故选项 C、D 正确。

答案:B

5. 关于局部变量和全局变量,以下选项中描述错误的是(　　)。

A. 局部变量和全局变量是不同的变量,但可以使用 global 保留字在函数内部使用全局变量

B. 局部变量是函数内部的占位符,与全局变量可能重名但不同

C. 函数运算结束后,局部变量不会被释放

D. 局部变量为组合数据类型且未创建,等同于全局变量

解析:本题考查的是 Python 语言的变量类型。Python 语言中的变量类型分为全局变量和局部变量。全局变量是在函数外部声明的,而函数内部为局部变量,同名时,局部变量会屏蔽全局变量。如果想在函数内部使用函数外部的全局变量,可以使用关键字 global 声明,故选项 A、B 均正确。如果局部变量未真实创建,则是全局变量,故选项 D 正确。选项 C 中函数内部的局部变量作用域仅仅是在函数内,在函数运行结束后,局部变量会释放。故错误的选项为 C。

答案:C

6. 假设函数中不包括 global 关键字,对于改变参数值的方法,以下选项中错误的是(　　)。

A. 参数是 int 类型时,不改变原参数的值

B. 参数是组合数据类型(可变对象)时,改变原参数的值

C. 参数的值是否改变与函数中对变量的操作有关,与参数类型无关

D. 参数是 list 类型时,改变原参数的值

解析:本题考查的是 Python 语言的变量类型的作用域。函数内部的变量为局部变量,作用域仅仅是在函数内,在函数运行结束后,局部变量会释放。由题目可知,函数内没有使用关键字 global 来声明全局变量,那么函数内部均为局部变量,局部变量会屏蔽全局变量,即函数运行过程中不会改变函数外部的变量的值。但注意这里有一个特例,当局部变量为组合数据类型且未创建,等同于全局变量,也就是说如果参数是组合数据类型(list, tuple, dict, string, set),那么在函数运行结束后该参数的值就会被改变。参数的值是否被改变取决于该变量的作用域,故答案选 C。

答案:C

7. 以下关于 Python 内置库、标准库和第三方库的描述,错误的是(　　)。

A. 第三方库需要单独安装才能使用

B. 内置库里的函数不需要 import 就可以调用

C. 第三方库有三种安装方式,最常用的是 pip 工具

D. 第三方库跟标准库发布方法一样,是跟 Python 安装包一起发布的

解析：本题考查的是 Python 语言的库的定义。Python 语言的库分为三种类型，内置库、标准库和第三方库。其中内置库、标准库是在 Python 解释器安装时就一并安装好了，内置库的使用不需要导入，而标准库（time 库、math 库等）的使用是需要用 import 导入的。第三方库顾名思义是由第三方进行开发维护的，与官方 Python 安装包无关，那么第三方库的使用就需要用户自己安装，最常用的安装方法是使用 pip 工具。故错误的选项为 D。

答案：D

8. 关于 Python 的 lambda 函数，以下选项中描述错误的是（ ）。

A. lambda 函数将函数名作为函数结果返回

B. f=lambda x，y：x+y 执行后，f 的类型为数字类型

C. lambda 用于定义简单的、能够在一行内表示的函数

D. lambda 函数主要用作一些特定函数或方法的参数

解析：本题考查的是 Python 语言的 lambda 函数。lambda 函数常用来声明匿名函数，即没有函数名字的临时使用的小函数，常用在临时需要一个类似于函数的功能但又不想定义函数的场合。例如，内置函数 sorted（）和列表方法 sort（）的 key 参数，内置函数 map（）的第一个参数等。lambda 函数只可以包含一个表达式，不允许包含其他复杂的语句，但在表达式中可以调用其他函数，该表达式的计算结果相当于函数的返回值。在选项 B 中，lambda 的返回值类型由传入参数类型决定，不一定是数字类型，因为加号还可以用作字符串的连接、合并列表等。故错误的选项为 B。

答案：B

二、填空题

1. 已知有函数定义 def demo（ * p）：return max（p），那么表达式 demo（1，2，3）的值为____，表达式 demo（1，2，3，4）的值为____。

解析：本题考查的是 Python 语言的可变长度参数使用。在定义函数时，参数名字前面带有一个星号（ * ）表示可变长度参数，可以接受任意多个位置参数并存放于一个元组之中。该函数的作用为返回传入参数中的最大值，因此 demo（1，2，3）的结果为 3，demo（1，2，3，4）的结果为 4。

答案：3　　4

2. 已知函数定义 def func（ ** p）：return max（p. values（）），那么表达式 func（x=1，y=2，z=3）的值为____。

解析：本题考查的是 Python 语言的可变长度参数使用。在定义函数时，参数名字前面带有两个星号（ ** ）也表示可变长度参数，可以接受任意多个关键字参数并存放于一个字典之中。该函数的作用为返回传入的字典的值的最大值，因此 func（x=1，y=2，z=3）的结果为 3。

答案：3

3. 在函数内部可以通过关键字____来声明全局变量。

解析：本题考查的是 Python 语言的全局变量的声明。全局变量声明使用的是关键字 global，在函数内部使用。

答案：global

4. 已知 g=lambda x，y=3，z=5：x * y * z，则语句 print（g（1，2））的输出结果为____。

解析：本题考查的是 Python 语言的 lambda 函数以及默认参数。lambda 函数只可以包含一个表达式，该表达式的计算结果相当于函数的返回值，即 x * y * z 的值即为函数返回值，g（1，2）进行函数调用，x 赋值 1，y 赋值 2，z 没有赋值使用默认值 5，代入表达式 x * y * z 计算后的结果为 10。

答案:10

5. 表达式 list(map(lambda x:x**2,[1,2,3,4,5]))的值为______。

解析:本题考查的是 Python 语言的 lambda 函数的使用。本题的 lambda 函数 lambda x:x**2 实现的功能是求平方数;map()函数的功能是第一个参数 function 依次作用于第二个参数序列中的每一个元素上,返回包含每次 function 函数返回值的新对象;由于 Python 3.x 返回迭代器,所以需要 list()函数转换成列表形式。因此该表达式的功能是对列表[1,2,3,4,5]中的每一个元素依次求平方数。

答案:[1,4,9,16,25]

6. 若要直接使用 sin()函数,例如 sin(5),需要执行导入语句______。

解析:本题考查的是 Python 语言的库的导入。首先需要知道 sin()函数是哪个库中的函数,sin()函数是计算正弦值的函数,因此可以分析出是标准库 math 库中的函数,接下来使用关键字 import 进行导入。注意这里是直接使用 sin()函数,因此需要导入该函数,导入语句为 from math import sin,不可以写作 import sin from math,不存在这种语法,也不可以写作 import math,这只是导入了库,无法直接使用 sin()函数。

答案:from math import sin

三、读程序写结果

1. 写出以下程序的运行结果。

```
def demo(a,b,c=3,d=100):
    return sum((a,b,c,d))
print(demo(1,2,3,4))
print(demo(1,2,d=3))
```

解析:本题考查的是 Python 语言的默认参数和关键字参数的使用。demo()函数中有四个参数,其中 a,b 为位置参数,c,d 为默认参数,该函数的功能为返回四个参数的和。在第一次调用 demo(1,2,3,4)传入函数的四个实参分别依次赋给 a,b,c,d;第二次调用 demo(1,2,d=3),其中 1,2 传给位置参数 a,b,使用了关键字参数为 d 赋值 3,参数 c 没有传值使用默认值 3。

答案:10
　　9

2. 写出以下程序的运行结果。

```
def f(*a,size=None):
    if size==None:
        b=sum(a)
    else:
        b=sum(a[0:size])
    return b
print(f(5,2,4,1,5,4))
```

解析:本题考查的是 Python 语言的可变长度参数和默认参数的使用。f(5,2,4,1,5,4)函数调用,参数(5,2,4,1,5,4)将打包成一个元组传给可变长度参数 *a,这里若想修改默认参数 size 的值需要使用关键字参数,例如 f(5,2,4,1,5,size=4),因此这里的 size 的默认值没有改变。该函数的功能是返回传入参数的和,若给定 size 的值,则返回前 size 个数的和,最后函数返回结果为 21。

答案:21

3. 写出以下程序的运行结果。

```
def change(a,b):
    a=10
    b+=a
a=4
b=5
change(a,b)
print(a,b)
```

解析:本题考查的是 Python 语言的局部变量和全局变量的使用。函数 change 内部定义的变量 a,b 为局部变量,它们的作用域仅仅在 change 函数内;函数外部定义的变量 a,b 为全局变量,作用域为整个程序,既可以在函数内部使用也可以在函数外部使用,若在函数内部使用需要用 global 声明。当全局变量与局部变量同名时,局部变量会屏蔽全局变量,即函数运行过程中不会改变函数外部的变量的值。因此,当 change(a,b)调用函数时,函数内部对 a,b 值的改变不影响全局变量 a,b 的值,最后 print(a,b)的值仍为全局变量的值。

答案:4　5

4. 写出以下程序的运行结果。

```
def f(x):
    global a
    print(a)
    a=4
    print(a+x)
a=2
f(8)
print(a)
```

解析:本题考查的是 Python 语言的全局变量的使用。由题目可知,函数内部声明了全局变量 a,f(8)调用函数,传入 x 的值为 8,函数内第一个 print(a)输出的为全局变量 a 的值 2,接下来重新为全局变量 a 赋值 4,print(a+x)即 print(4+8),输出内容为 12,函数调用结束;最后一句 print(a),这里的 a 为全局变量,在函数内部被重新赋值了,因此这里的 a 的值为 4。

答案:2
　　12
　　4

【习题】

一、选择题

1. 以下关于 Python 函数默认参数说法正确的是(　　)。

A. 默认参数的默认值一旦确定就无法修改

B. 默认参数是在函数定义时确定的

C. 默认参数一般放在参数列表的开头

D. 一个函数如果带有默认参数,那么所有参数都必须设置默认值

2. 已知函数定义 def func(a,b,c=4):return a+b+c,以下关于 Python 函数调用形式正确的是(　　)。

A. func(b=1,3)　　B. func(1,3)　　C. func(2)　　D. func(1,c=2)

3. 关于函数的关键字参数使用限制,以下选项中描述错误的是(　　)。

A. 关键字参数与函数定义无关　　B. 不得重复提供关键字参数

C. 关键字参数顺序无限制　　D. 关键字参数必须位于位置参数之前

4. 关于函数的可变长度参数(可变实参个数),可变长度参数 ** args 传入函数时存储的类型是(　　)。

A. list　　B. set　　C. dict　　D. tuple

5. 关于函数的参数,以下选项中描述错误的是(　　)。

A. 默认参数可以定义在位置参数的前面

B. 可以设计不带任何参数的函数

C. 在定义函数时,可以设计可变数量参数,通过在参数前增加星号(*)实现

D. 在定义函数时,如果有些参数存在默认值,可以在定义函数时直接为这些参数指定默认值

6. 以下关于传递参数时的序列解包描述错误的是(　　)。

A. 传递参数时,可以通过在实参序列前加一个星号将其解包,然后传递给多个单变量形参,等价于位置参数

B. 如果函数实参是字典,可以在前面加两个星号进行解包,等价于关键字参数

C. 序列解包不能在字典解包之后

D. 语句 print(*(1,2,3))不能正常执行

7. 以下关于 Python 函数定义说法正确的是(　　)。

A. 不能在一个函数的定义中再定义一个嵌套函数

B. 定义函数时必须指定函数的返回值类型

C. 函数中必须包含 return 语句

D. 使用关键字 def 定义函数

8. 以下关于 Python 函数定义说法错误的是(　　)。

A. 定义函数时,即使该函数不需要接收任何参数,也必须保留一对圆括号

B. 定义函数时,一般建议先对参数进行合法性检查,然后再编写功能代码

C. 定义函数时,建议多种类型参数混合使用,方便快速实现代码功能

D. 定义函数时,若没有想好代码如何编写,可以使用语句 pass 代替

9. 以下关于 Python 函数定义错误的是(　　)。

A. def func(a,b):pass　　B. def func(a=2,b):pass

C. def func(a, *b):pass　　D. def func(a,b=2):pass

10. 关于函数,以下选项中描述错误的是(　　)。

A. 函数名不可以赋给其他变量　　B. 函数是代码复用的一种方式

C. 函数也是对象　　D. 函数只有调用才会执行,否则不会执行

11. 以下关于 Python 函数调用说法错误的是(　　)。

A. 在调用函数时,位置参数必须都要传值

B. 在调用函数时,不需要在乎传参的顺序

C. 在调用函数时,可以通过关键字参数的形式进行传值,从而避免必须记住函数形参顺序的麻烦

D. 在调用函数时,对实参序列使用一个星号*进行解包后的实参将会被当作普通位置参数对待

12. 有以下函数定义，这里的 func2 函数被称作是(　　)。

```
def func1(x):
    def func2(y):
        return x * y
return func2
```

A. 函数引用　　B. 函数调用　　C. 函数闭包　　D. 函数递归

13. 关于 Python 函数嵌套定义，以下选项中描述错误的是(　　)。

A. 函数闭包与函数嵌套定义相同

B. 嵌套函数保护内部数据不受函数外部变化的影响

C. 内部函数创建简单数据类型变量会屏蔽外部函数作用域内的同名变量

D. 不提倡过多使用函数嵌套定义，因为这样会导致内部函数反复定义而影响执行效率

14. 函数定义时，以下不需要使用 global 声明就可以操作的全局变量的类型是(　　)。

A. 列表　　B. 浮点型　　C. 整型　　D. 复数型

15. 关于 Python 的全局变量和局部变量，以下选项中描述错误的是(　　)。

A. 局部变量指在函数内部使用的变量，当函数退出时，变量依然存在，下次函数调用可以继续使用

B. 使用 global 保留字声明简单数据类型变量后，该变量作为全局变量使用

C. 简单数据类型变量无论是否与全局变量重名，仅在函数内部创建和使用，函数退出后变量被释放

D. 全局变量指在函数之外定义的变量，一般没有缩进，在程序执行全过程有效

16. 关于 Python 的全局变量和局部变量，以下选项中描述错误的是(　　)。

A. 全局变量会增加不同函数之间的耦合度，降低代码的可读性

B. 在函数内部只能声明使用外部全局变量，不能定义全局变量

C. 在同一个作用域内，局部变量会隐藏同名的全局变量

D. 函数内部没有定义的组合数据类型变量就是全局变量

17. 以下和 Python 库或模块导入相关的关键字是(　　)。

A. import　　B. yield　　C. pip　　D. installers

18. 以下关于 Python 第三方库的描述，错误的是(　　)。

A. 尽管可以使用 import 语句一次导入任意多个第三方库，但是仍建议每次只导入一个第三方库

B. 安装第三方库时应选择与已安装的 Python 解释器版本对应的第三方库

C. 安装第三方库时只能使用 pip 工具在线安装

D. 如果要使用 math 库里 cos( )函数，建议使用 from math import cos 来导入

19. 关于 import 使用，以下选项中描述错误的是(　　)。

A. 使用 import time 引入 time 库

B. 可以使用 from time import ctime 引入 time 库

C. 使用 import time as t 引入 time 库，取别名为 t

D. import 保留字用于导入模块或者模块中的对象

20. 关于 Python 的 lambda 函数，以下选项中描述正确的是(　　)。

A. g=lambda x:3 不是一个合法的赋值语句

B. f=lambda x,y:x+y 执行后，f 的类型为数字类型

C. lambda 函数又称作匿名函数，即定义无名字函数

D. 任何函数都可以写成 lambda 函数的形式

二、填空题

1. 已知函数定义 def func(* p):return p,那么表达式 func(7,8,9)的值为____。
2. 已知函数定义 def func(* p):return sum(p),那么表达式 func(1,2,3,4,7,8,9)的值为______。
3. 已知函数定义 def func(** p):return p,那么表达式 func(x=7,y=8,z=9)的值为____。
4. 已知函数定义 def func(** p):return sorted(p.values()),那么表达式 func(x=9,y=2,z=7)的值为______。
5. 已知 g=lambda x,y=3,z=5:x+y+z,那么表达式 g(10)的值为________。
6. 已知 g=lambda x,y=3,z=5:x+y+z,那么表达式 g(10,z=8)的值为________。
7. 表达式 list(filter(lambda x:x>5,range(11)))的值为_________。
8. 表达式 sorted(['hello','python','programming','language'], key = lambda x:(x[0], x[1]))的值为____________。
9. 在一个函数(即封闭函数)中定义的函数被称为______。
10. 在函数内部定义全局变量或者声明使用已有的全局变量的关键字是______。
11. 在 Python 程序中,局部变量______(会\不会)隐藏同名的全局变量。
12. 在嵌套的函数中,如果希望在内部函数修改外部函数的局部变量,应该使用的关键字是______。
13. 若要直接使用 floor()函数,例如 floor(3.4),需要执行导入语句__________。
14. 若要导入 turtle 库并且重新命名为 t,需要执行导入语句__________。
15. 假设有 Python 程序文件 demo.py,代码如下:

```
def main():
    if __name__=='__main__':
        print('hello')
    else:
        print(1)
main()
```

将该程序文件直接运行时输出结果为____,作为模块导入时得到结果____。

三、读程序写结果

1. 写出以下程序的运行结果。

```
def S(a,b=3,c=5):
    return sum([a,b,c])
print(S(a=8,c=2))
print(S(8))
print(S(8,2))
```

2. 写出以下程序的运行结果。

```
def demo(newitem,old_list=[]):
    old_list.append(newitem)
    return old_list
print(demo('a'))
```

```
print(demo('b'))
```

3. 写出以下程序的运行结果。

```
def Join(L,sep=None):
    return(sep or ',').join(L)
print(Join(['a','b','c']))
print(Join(['a','b','c'],':'))
```

4. 写出以下程序的运行结果。

```
def S(*p):
    return sum(p)
print(S(3,5,8))
print(S(8))
print(S(8,2,10))
```

5. 写出以下程序的运行结果。

```
def func():
    name='python'
    def inner():
        print(name)
    return inner
f=func()
f()
```

6. 写出以下程序的运行结果。

```
def addx(x):
    def adder(y):
        return x+y
    return adder
c=addx(8)
print(c(10))
```

7. 写出以下程序的运行结果。

```
def outer(n):
    def inner(n):
        return n*2
    num=inner(n)
    print(num)
outer(5)
```

8. 写出以下程序的运行结果。

```
def demo():
    x=8
x=3
demo()
print(x)
```

9. 写出以下程序的运行结果。

```
def demo(lst,k=2):
    if k<len(lst):
        return lst[k:]+lst[:k]
print(demo([1,2,3,4,5,6],3))
```

10. 写出以下程序的运行结果。

```
def func(a):
    for i in range(1,len(a)):
        j=i
        while(j>0)and(a[j]<a[j-1]):
            a[j],a[j-1]=a[j-1],a[j]
            j-=1
def main():
    a=[73,68,45,89,3,9]
    func(a)
    print(a)
if __name__=='__main__':main()
```

四、编程题

1. 编写函数,可以接收任意多个参数并输出其中的最大值和所有参数之和。

示例:输入:1,2,3,4,5,6,7,8

输出:(8,36)

2. 编写函数,接收任意多个参数,可以输出用户指定个数的最大值及求和;若用户没有指定个数,则输出所有数的最大值及求和。

示例:输入:1,2,3,4,5,6,7,8,size=3

输出:(3,6)

3. 编写函数,模拟内置函数 sum(),函数内部不可以调用内置函数 sum()。

4. 编写函数,模拟内置函数 reversed(),函数内部不可以调用内置函数 reversed()。

五、简答题

1. 什么是函数闭包?在模块化程序设计中为什么会用到闭包函数?

2. 在 Python 中导入模块中的对象有哪几种方式?

3. 解释 Python 脚本程序的"_name_"属性及其作用。

【习题参考答案】

一、选择题

1~5:B B D C A　　6~10:D D C B A　　11~15:B C A A A　　16~20:B A C B C

二、填空题

1. (7,8,9)
2. 34
3. {'x':7,'y':8,'z':9}
4. [2,7,9]
5. 18
6. 21
7. [6,7,8,9,10]
8. ['hello','language','programming','python']
9. 函数嵌套
10. global
11. 会
12. nonlocal
13. from math import floor
14. import turtle as t
15. hello　　1

三、读程序写结果

1. 13
   16
   15
2. ['a']
   ['a','b']
3. a,b,c
   a:b:c
4. 16
   8
   20
5. Python
6. 18
7. 10
8. 3
9. [4,5,6,1,2,3]
10. [3,9,45,68,73,89]

四、编程题

1. 参考代码:

```
def func( *p):
    return max(p),sum(p)
```

2. 参考代码:

```
def func( *p,size=None):
    if size= =None:
```

```
        return max(p),sum(p)
    else:
        return max(p[:size]),sum(p[:size])
```

3. 参考代码:

```
def Sum(p,start=0):
    s=start
    for i in p:
        s+=i
    return s
```

4. 参考代码:

```
def Reversed(p):
    a=[]
    l=len(p)
    for i in range(l-1,-1,-1):
        a.append(p[i])
    return a
```

五、简答题

1. 函数闭包是函数式编程的重要语法,如果在一个内部函数里,对外部作用域(但不是在全局作用域的变量)进行引用,那么内部函数就会被认为是闭包;函数闭包是函数嵌套的一种形式,但并不等价于函数嵌套,函数闭包包括函数命名空间与作用域和函数嵌套两部分。在某种情况下,并不方便使用全局变量,所以灵活地使用闭包可以实现替代全局变量,在实际的应用开发中,函数内部的有些数据不希望被其他函数轻易修改,所以选择使用闭包操作。

2. 三种形式,分别是:(1) import 模块名[as 别名];(2) from 模块名 import 对象名[as 别名];(3) from math import *。

3. 每个 Python 脚本在运行时都有一个"_name_"属性。如果脚本作为模块被导入,则其"_name_"属性的值被自动设置为模块名;如果脚本独立运行,则其"_name_"属性值被自动设置为"_main_"。利用"_name_"属性即可控制 Python 程序的运行方式。

第7章

面向对象程序设计

【典型例题解析】

一、选择题

1. 汇编语言是一种面向(　　)的低级语言,通常是为特定的计算机或系列计算机专门设计的。

A. 机器　　B. 过程　　C. 对象　　D. 接口

解析:汇编语言是一种面向机器的低级语言。在汇编语言中,用助记符代替机器指令的操作码,用地址符号或标号代替指令或操作数的地址。在不同的设备中,汇编语言对应着不同的机器语言指令集,通过汇编过程转换成机器指令。特定的汇编语言和特定的机器语言指令集是一一对应的,不同平台之间不可直接移植。

答案:A

2. 面向过程程序设计简写为(　　)。

A. OOP　　B. OPO　　C. POO　　D. POP

解析:面向过程程序设计(Procedure Oriented Programming)是一种以过程为中心的编程思想。

答案:D

3. 下面这段程序体现了面向(　　)程序设计的思想。

```
a=int(input('输入数字1:'))
b=int(input('输入数字2:'))
s=a*b
while a%b!=0:
    a,b=b,(a%b)
    print(a)
    print(b)
else:
    print(b,'is the maximum common divisor 最大公约数')
    print(s//b,'is the least common multiple,最小公倍数')
```

A. 机器　　B. 过程　　C. 对象　　D. 接口

答案:B

4. 下面这段程序体现了面向(　　)程序设计的思想。

```
class Test:
  def prt(runoob):
    print(runoob)
    print(runoob.__class__)
t=Test()
t.prt()
```

A. 机器　　B. 过程　　C. 对象　　D. 接口

答案:C

5. 面向对象程序设计简写为(　　)。

A. OOP　　B. OPO　　C. POO　　D. POP

解析:面向对象程序设计(Object Oriented Programming)作为一种新方法,其本质是以建立模型体现出来的抽象思维过程和面向对象的方法。

答案:A

6. Python 语法规定类的初始化程序中 init 两侧有(　　)个下划线。

A. 0　　B. 1　　C. 2　　D. 3

答案:C

7. 下面关于类与对象的关系的叙述错误的是(　　)。

A. 类是对象的抽象　　B. 对象是类的具体实现

C. 对象是对客观事物的抽象　　D. 对象是一种抽象的数据类型

解析:类(class)和对象(object)是两种以计算机为载体的计算机语言的合称。对象是对客观事物的抽象,类是对对象的抽象。类是一种抽象的数据类型。它们的关系是,对象是类的实例,类是对象的模板。

答案:D

8. 类的组成部分有(　　)。

A. 属性　　B. 方法　　C. 名称　　D. 接口

解析:类由其名称、属性、方法构成。

答案:ABC

9. Python 中类的方法大致可以分为(　　)。

A. 私有方法　　B. 类方法　　C. 公有方法　　D. 静态方法

解析:公有方法、私有方法一般是指属于对象的实例方法。静态方法和类方法不属于任何实例,不会绑定到任何实例,也不依赖于任何实例的状态。

答案:ABCD

10. (　　)方法可以通过对象. 方法直接调用。

A. 私有方法　　B. 类方法　　C. 公有方法　　D. 静态方法

解析:公有方法通过对象名直接调用"对象名. 公有方法(<实参>)"。

答案:B

11. 下面关于类方法的描述不正确的是(　　)。

A. 类方法一般以简写 cls 作为类方法的第一个参数

B. cls 表示该类自身

C. 在调用类方法时不需要为 cls 传递值

D. 通过前缀 self 进行调用或在外部通过特殊的形式来调用

解析:私有方法在其他实例方法中通过前缀 self 进行调用或在外部通过特殊的形式来调用。

答案:D

12. 在继承机制中,被继承的类叫作(　　)。

A. 基类　　B. 派生类　　C. 子类　　D. 父类

解析:被继承的类称为基类、父类或超类。

答案:AD

13. 通过继承创建的类为(　　)。

A. 超类　　B. 派生类　　C. 基类　　D. 父类

解析:通过继承创建的类称为子类或派生类。

答案:B

14. 下面关于继承的描述不正确的是(　　)。

A. 子类可以继承多个类

B. 子类只能继承一个类

C. 在调用基类的方法时,需要加上基类的类名前缀,且需要带上 self 参数变量

D. 当区别于类中调用普通函数时并不需要带上 self 参数

解析:在 Python 中子类可以继承多个类。

答案:B

15. 下面关于重写的叙述正确的是(　　)。

A. 基类(被继承的类)的成员都会被派生类(继承的新类)继承

B. 在 Python 中,重载符不能重写

C. 子类可以重写父类的方法

D. 在 Python 中,重载符可以重写

解析:Python 语法规定重载符可以重写。

答案:ACD

16. 异常处理过程中可能用到的关键字有(　　)。

A. try　　B. except　　C. else　　D. finally

解析:与 Python 异常相关的关键字。

raise:手动抛出/引发异常,如 raise [exception[,data]。

try/except:捕获异常并处理。

pass:忽略异常。

as:定义异常实例(except IOError as e)。

finally:无论是否出现异常,都执行的代码。

else:如果 try 中的语句没有引发异常,则执行 else 中的语句。

答案:ABCD

17. 下面说法不正确的是(　　)。

A. 带有 else 子句的异常处理结构,如果不发生异常则执行 else 子句中的代码

B. 异常处理结构也不是万能的,处理异常的代码也有引发异常的可能

C. 在 try…except…else 结构中,如果 try 块的语句引发了异常则会执行 else 块中的代码

D. 异常处理结构中的 finally 块中代码仍然有可能出错从而再次引发异常

解析:在 try…except…else 结构中,如果 try 块的语句引发了异常则会执行 except 块中的代码。

答案:C

二、填空题

1. ____语言用一些容易理解和记忆的字母、单词来代替一个特定的指令。

解析：在不同的设备中，汇编语言对应着不同的机器语言指令集，通过汇编过程转换成机器指令。

答案：汇编

2. 面向____程序设计最接近人的思考方式。

解析：面向对象程序设计方法是尽可能模拟人类的思维方式，使得软件的开发方法与过程尽可能接近人类认识世界、解决现实问题的方法和过程。

答案：对象

3. 面向对象程序设计的三大特点是____、____、____。

解析：封装、继承、多态是面向对象程序设计的三大特点。

答案：封装，继承，多态

4. ____是用来描述具有相同的属性和方法的对象的集合。

解析：类定义了该集合中每个对象所共有的属性和方法，而对象是类的实例。

答案：类

5. 函数式编程是属于面向______程序设计。

解析：面向过程就是分析出解决问题所需要的步骤，然后用函数把这些步骤一步一步实现，使用的时候依次调用即可。

答案：过程

6. 面向对象的编程带来的主要好处之一是代码的重用，实现这种重用的方法之一是通过____机制。

解析：面向对象程序设计的继承机制使得代码复用性大大提高，面向对象编程（OOP）语言的一个主要功能就是"继承"。继承是指这样一种能力：它可以使用现有类的所有功能，并在无须重新编写原来的类的情况下对这些功能进行扩展。通过继承创建的新类称为"子类"或"派生类"。被继承的类称为"基类""父类"或"超类"。继承的过程，就是从一般到特殊的过程。

答案：继承

7. self__（是/不是）关键字。

解析：self 不是关键字。

答案：不是

8. 类的初始化总是以______命名，类通过调用____创建一个对象。

解析：本题考查 Python 中类与对象的语法。在 Python 中，类需要通过__ init __方法进行初始化，对象作为类调用构造方法生成的一个实例。

答案：__ init __；构造方法

9. 对象成员是指它的______和______。

解析：数据域表示一个对象的属性，由变量存储，方法定义对象的行为（也可称为函数），通过调用让对象执行动作。

答案：数据域；方法

10. 使用____运算符通过引用变量来访问对象的成员。

解析：Python 语法规定对象使用圆点运算符访问其成员。

答案：点

11. 在 Python 语言中,私有数据域和私有方法是通过______定义的。

解析:Python 语法规定用两个下划线前置于数据域或方法进行私有化处理。

答案:两个下划线

12. 在数据隐藏的前提下,为了便于客户端访问数据域,一般类中会定义____方法提供数据,定义______方法修改数据。

解析:为了避免直接修改数据,习惯性地设置访问器和修改器来实现对数据的间接访问和处理。

答案:get;set

13. 在定义和在实例方法中访问数据成员时以____作为前缀。

解析:属于对象的数据成员一般在构造方法__init__()中定义,当然也可以在其他成员方法中定义,在定义和在实例方法中访问数据成员时以 self 作为前缀,同一个类的不同对象(实例)的数据成员之间互不影响。

答案:self

14. 静态方法和类方法都可以通过__________调用。

解析:静态方法和类方法都可以通过类名和对象名调用,但不能直接访问属于对象的成员,只能访问属于类的成员。

答案:类名和对象名

15. 实例方法中,____参数表示当前对象。

解析:所有实例方法都必须至少有一个名为 self 的参数,并且必须是方法的第一个形参(如果有多个形参的话),self 参数表示当前对象。

答案:self

16. ______方法来检测一个类是不是另一个类的子类。

解析:isinstance(obj,Class)布尔函数,如果 obj 是 Class 类的实例对象或者是一个 Class 子类的实例对象则返回 true。

答案:isinstance()

17. Python 中继承的语法为________________。

解析:class A(B)表示 A 继承自 B。

答案:class 派生类名(基类名)

18. 当子类从父类继承的方法不适合子类时,可以改写该方法,这个过程称为________。

解析:如果从父类继承的方法不能满足子类的需求,可以对其进行改写,这个过程叫方法的覆盖(override),也称为方法重写。

答案:方法重写

19. Python 内建异常类的基类是__________。

解析:所有的内建标准异常的基类是 StandardError;所有内建异常类的基类是 BaseException。

答案:BaseException

20. 在异常处理结构中,不论是否发生异常,_____语句中的代码总是会执行的。

解析:由于异常处理结构 try…except…finally…中 finally 里的语句块总是被执行的,但是 finally 块中代码仍然有可能出错从而再次引发异常。

答案:finally

三、编程题

1. 编写程序,编写一个学生类,要求有一个计数器的属性,统计总共实例化了多少个学生。

解析:本题首先需要定义一个学生类,题目要求有一个计数器的属性,统计总共实例化了多少个学生。要使得变量全局有效,就要定义为类的属性。同时在构造方法中给计数器加 1。这样每一次实例化,都会使得计数器加 1,从而实现题目的要求。

参考答案:

```
class Student:
    count=0                    # 计数
    def __init__(self,name,age):
        self.name=name
        self.age=age
        Student.count+=1       # 要使得变量全局有效,就定义为类的属性

    def learn(self):
        print("is learning")


stu1=Student("jack",33)
stu2=Student("amy",24)
stu3=Student("lucy",22)
stu4=Student("lulu",45)
print("实例化了%s 个学生" % Student.count)
输出:
实例化了 4 个学生
```

2. 编写程序,A 继承了 B,两个类都实现了 jump()方法,在 A 中的 jump 方法中调用 B 的 jump 方法。

解析:本题考查类的继承,理解概念并熟悉掌握语法即可。

参考答案:

```
class B:
    def jump(self):
        print('from B')

class A(B):
    def jump(self):
        super().jump()

a=A()
a.jump()
```

3. 要求定义一个水池类,水池里面有乌龟和鱼,最后实例化水池类,水池里面有 3 只乌龟和 20 条鱼。

解析:本体考察类的组合使用。一般把几个没有什么关系的类放在一起使用时通过组合类的方法。组合就是把类的实例化放到一个新类里面,就把旧类组合进去了。组合一般就是把几个不是有继承关系的、没有直线关系的几个类放在一起,如果要实现纵向关系的几个类,就是继承。

参考答案:

```
class Turtle():                # 定义乌龟类
  def __init__(self,x):
```

```
        self. num=x

classFish( ):                    # 定义鱼类
    def __init__(self,y):
        self. num=y

classPool( ):                    # 定义水池类
    def __init__(self,x,y):
        self. turtle=Turtle(x)   # 直接把需要的类在这里实例化就行了,组合实现
        self. fish=Fish(y)
    def print_num(self):
        print("水池中总共有乌龟%d 只,鱼%r 条。"%(self. turtle. num,self. fish. num))

p=Pool(1,10)
p. print_num()
```

输出:
水池中总共有乌龟 1 只,小鱼 10 条

【习题】

一、选择题

1. set 方法又称为(　　)。

A. 修改器　B. 存储器　C. 访问器　D. 控制器

2. 表示类的关键字是(　　)。

A. object　B. super　C. def　D. class

3. 下面关于类与对象的关系的叙述错误的是(　　)。

A. 类是对象的抽象　B. 对象是类的具体实现

C. 对象是对客观事物的抽象　D. 对象是一种抽象的数据类型

4. 下面由对象直接调用的方法是(　　)。

A. 私有方法　B. 类方法　C. 公有方法　D. 静态方法

5. 表达式 isinstance('abc',int)的值为(　　)。

A. True　B. False　C. Null　D. 抛出异常

6. 下面说法正确的是(　　)。

A. 在 Python 中定义类时实例方法的第一个参数名称必须是 self

B. 在 Python 中定义类时实例方法第一个参数名称不管是什么都表示对象自身

C. Python 类不支持多继承

D. 属性可以像数据成员一样进行访问,但赋值时具有方法的优点,可以对新值进行检查

7. 下面说法不正确的是(　　)。

A. 在异常处理结构中,不论是否发生异常,finally 子句中的代码总是会执行的

B. 带有 else 子句的异常处理结构,如果不发生异常则执行 else 子句中的代码

C. 在 Python 中函数和类都属于可调用对象

D. 程序中异常处理结构在大多数情况下是没必要的

8. 下面说法不正确的是(　　)。

A. 实例变量或方法是类的一个实例

B. 类的数据域应当被隐藏以避免被更改并使类易于维护

C. set 方法被称为设置器或修改器

D. 对象是一种抽象的数据类型

9. 下面说法不正确的是(　　)。

A. 数据域表示一个对象的属性　　B. 对象的属性由变量储存

C. 在 Python 中,重载符不能重写　　D. 子类可以重写父类的方法

10. 下面说法不正确的是(　　)。

A. 对于 Python 类中的私有成员,可以通过"对象名._类名__私有成员名"的方式来访问

B. 在面向对象程序设计中,函数和方法是完全一样的,都必须为所有参数进行传值

C. 定义类时所有实例方法的第一个参数用来表示对象本身

D. Python 类支持多继承

11. 表示超类的关键字为(　　)。

A. object　　B. super　　C. def　　D. class

12. 下面不属于面向对象程序设计的显著特点的是(　　)。

A. 稳定　　B. 封装　　C. 继承　　D. 多态

13. 下面这段程序体现了面向(　　)程序设计的思想。

```
class Car:
    def infor(self):
    print("This is car")
```

A. 机器　　B. 过程　　C. 对象　　D. 接口

14. 下面这段程序体现了面向(　　)程序设计的思想。

```
x=list(range(500))
for item in x:
    t=5**5
print(item+t)
```

A. 机器　　B. 过程　　C. 对象　　D. 接口

15. 通过继承创建的类为(　　)。

A. 超类　　B. 子类　　C. 基类　　D. 父类

二、填空题

1. 类的构造方法名称为______。

2. ______方法不能通过对象名直接调用,只能在其他实例方法中通过前缀 self 进行调用或在外部通过特殊的形式来调用。

3. 一般将______作为类方法的第一个参数。

4. 表示类的关键字是______。

5. 类的三个组成部分______。

6. 当要编写的类可以通过______机制来达到代码重用的目的,提高开发效率。

7. Python 的子类调用父类成员时用______。

8. 在派生类中可以通过______的方式来调用基类中的方法。

9. 在设计派生类时,基类的______成员默认是不会继承的。
10. 类的命名规则为______。

三、简答题

1. 面向对象三大特性是什么?各有什么用处?说说你的理解。

2. 类的属性和对象的属性有什么区别?

3. 简述类、实例、方法的概念,并简要分析这些概念之间的关系。

4. Python 中类的继承有什么特点?

5. Python 面向对象编程中的重载和重写是什么?请简要说明。

四、编程题

1. 编写 Python 程序,模拟简单的计算器。

定义名为 Number 的类,其中有两个整型数据成员 n1 和 n2,应声明为私有。编写__init__方法,外部接收 n1 和 n2,再为该类定义加(addition)、减(subtration)、乘(multiplication)、除(division)等成员方法,分别对两个成员变量执行加、减、乘、除的运算。创建 Number 类的对象,调用各个方法,并显示计算结果。

2. 定义一个员工类,自己分析出几个成员,getXxx()/setXxx()方法,以及一个显示所有成员信息的方法,并测试。

3. 定义并实现一个矩形类 Rectangle,其私有实例成员为矩形的左下角与右上角两个点的坐标,能设置左下角和右上角两个点的位置,能根据左下角与右上角两个点的坐标计算矩形的长、宽、周长和面积,另外根据需要适当添加其他成员方法和特殊方法(如构造方法)。实现并测试这个类。

【习题参考答案】

一、选择题

1~5:ADDCB　　6~10:BDDCB　　11~15:BACBB

二、填空题

1. __init __()
2. 私有
3. cls
4. class
5. 名称、属性、方法
6. 继承
7. super
8. 基类名. 方法名()
9. 私有
10. 单驼峰命名法

三、简答题

1. 面向对象的三大特性:(1)继承,解决代码的复用性问题;(2)封装,对数据属性严格控制,隔离复杂度;(3)多态性,增加程序的灵活性与可扩展性。

2. 首先需要理解这样一个概念:Python 中一切皆对象,因而“类”也是一种对象,所以在谈论类的属性和对象的属性的区别时,实际上是在谈论“类”这样一种特殊的对象与其他对象的区别。类属性仅是与类相关的数据值,和普通对象属性不同,类属性和实例对象无关。这些值像静态成员那样被引用,即使在多次实例化中调用类,它们的值都保持不变。不管如何,静态成员不会因为实例而改变它们的值,除非实例中显式改变它们的值。

3. 类(Class)和实例(Instance)是面向对象最重要的概念。类是指抽象出的模板。实例则是根据类创建出来的具体的“对象”,每个对象都拥有从类中继承的相同的方法,但各自的数据可能不同。我们创建的实例里有自身的数据,如果想访问这些数据,就没必要从外面的函数去访问,可以在类内部去定义这样一个访问数据的函数,这样就把“数据”给封装起来了。这些封装数据的函数和类本身是关联起来的,我们称为类的方法。总结一下:类是创建实例的模板,而实例则是一个一个具体的对象,各个实例拥有的数据都互相独立,互不影响;方法就是与实例绑定的函数,和普通函数不同,方法可以直接访问实例的数据;通过在实例上调用方法,就直接操作了对象内部的数据,但无须知道方法内部的实现细节。

4. (1)如果在子类中需要父类的构造方法就需要显式地调用父类的构造方法,或者不重写父类的构造方法。详细说明可查看 Python 子类继承父类构造函数说明。(2)在调用基类的方法时,需要加上基类的类名前缀,且需要带上 self 参数变量。区别在于类中调用普通函数时并不需要带上 self 参数。(3)Python 总是首先查找对应类型的方法,如果它不能在派生类中找到对应的方法,它才开始到基类中逐个查找(先在本类中查找调用的方法,找不到才去基类中找)。

5. 重载和重写是两个新概念,是两个令我们容易混淆的概念。重载(overloading method)是在一个类里面,方法名字相同,而参数不同,返回类型可以相同,也可以不同。重载是让类以统一的方式处理不同类型数据的一种手段。函数重载主要是为了解决两个问题:(1)可变参数类型。(2)可变参数个数。另外,一个基本的设计原则是,仅仅当两个函数除了参数类型和参数个数不同以外,其功能是完全相同的,此时才使用函数重载,如果两个函数的功能其实不同,那么不应当使用重载,而应当使用一个名字不同的函数。

子类不想原封不动地继承父类的方法,而是想作一定的修改,这就需要采用方法的重写(overiding method)。方法重写又称方法覆盖。

四、编程题

1. 参考代码：

```
class Number():
    def __init__(self,n1,n2):
        self.__n1=n1
        self.__n2=n2

    def addition(self):
        m1=self.__n1+self.__n2
        print('相加等于%d'%(m1))
    def subtration(self):
        m2=self.__n1-self.__n2
        print('相减等于%d'%(m2))
    def multiplication(self):
        m3=self.__n1 * self.__n2
        print('相乘等于%d'%(m3))
    def division(self):
        m4=self.__n1/self.__n2
        print('相除等于%d'%(m4))
```

2. 参考代码：

```
class Worker():
    def __init__(self,id,name,job):
        self.id=id
        self.name=name
        self.job=job
    def setSal(self,sal):
        self.__sal=sal
    def getSal(self):
        return self.__sal
    def mess(self):
            print('编号:',self.id,'姓名:',self.name,'工作:',self.job,'工资是:',self.__sal)

kf=Worker('006','张三','python 开发工程师')
kf.setSal(20000)
kf.mess()

cs=Worker('008','李四','自动化测试工程师')
cs.setSal(18000)
cs.mess()
```

3. 参考代码：

```
class Rectangle:
    def __init__(self,New_zxx,New_zxy,New_ysx,New_ysy):
        self.zxx=New_zxx
        self.zxy=New_zxy
        self.ysx=New_ysx
        self.ysy=New_ysy
        self.length=self.ysx-self.zxx
        self.width=self.ysy-self.zxy
    def perimeter(self):
        print('周长:{}'.format(2*(self.length+self.width)))
    def area(self):
        print('面积为:{}'.format(self.length*self.width))
a=Rectangle(0,0,1,2)
print(a.length)
print(a.width)
a.perimeter()
a.area()
```

第8章 数据文件处理

【典型例题解析】

一、选择题

1. 关于文件概述,以下选项中描述错误的是(　　)。

A. 文件是长久保存信息以及信息交换的重要方式

B. 不同的文件都以相同的文件组织形式存储在存储设备上

C. 文件包括音视频文件、图像文件、配置文件、可执行文件等多种类型

D. 按数据的组织形式,文件可以分为文本文件和二进制文件两大类

解析:本题考查的是文件的基本概念。不同的文件类型,组织形式也不相同,组织形式主要有两大类,分别是文本文件和二进制文件。故选项 B 中都以相同的文件组织形式存储在存储设备上的说法错误。

答案:B

2. 关于 Python 文件处理,以下选项中描述错误的是(　　)。

A. Python 能处理 XML 文件　　B. Python 不可以处理 Word 文件

C. Python 能处理 CSV 文件　　D. Python 能处理 Excel 文件

解析:本题考查的是 Python 文件处理类型。Python 能处理多种格式类型的数据文件,例如 XML、CSV、PDF、Excel、Word 等,不同类型的数据文件访问方式也不相同。故选项 B 中 Python 不可以处理 Word 文件说法错误。

答案:B

3. 关于 Python 文件打开模式的描述,以下选项中描述错误的是(　　)。

A. 覆盖写模式 w　　B. 追加写模式 a　　C. 创建写模式 c　　D. 只读模式 r

解析:本题考查的是 Python 文件打开模式的类型。'r'只读模式,如果文件不存在,返回异常 FileNotFoundError,默认值;'w'覆盖写模式,文件不存在则创建,存在则完全覆盖;'x'创建写模式,文件不存在则创建,存在则返回异常 FileExistError;'a'追加写模式,文件不存在则创建,存在则在文件最后追加内容;'b'二进制文件模式;'t'文本文件模式,默认值;'+'与 r/w/x/a 一同使用,在原功能的基础上增加同时读写的功能。故答案选 C。

答案:C

4. 以下选项中不是 Python 文件读操作方法的是(　　)。

A. readline　　B. readlines　　C. readtext　　D. read

解析：本题考查的是 Python 文件读操作方法类型。Python 常用的文件读操作方法有三种，分别是 readline、readlines、read，并没有 readtext 这个方法。故答案选 C。

答案：C

5. 给出如下代码：

```
fname=input("请输入要打开的文件：")
fo=open(fname,"r")
for line in fo.readlines():
    print(line)
fo.close()
```

关于上述代码的描述，以下选项中正确的是(　　)。

A. 通过 fo.readlines()方法将文件的全部内容读入一个字典 fo

B. 通过 fo.readlines()方法将文件的全部内容读入一个列表 fo

C. 通过 fo.readlines()方法将文件的全部内容读入一个元组 fo

D. 通过 fo.readlines()方法将文件的全部内容读入一个集合 fo

解析：本题考查的是 Python 文件读取 readlines()方法的使用。readlines()方法返回一个列表，其中文件中的每一行作为列表项。故选项 B 正确。

答案：B

6. 执行如下代码：

```
fname=input("请输入要写入的文件：")
fo=open(fname,"w+")
ls=["清明时节雨纷纷,","路上行人欲断魂,","借问酒家何处有?","牧童遥指杏花村。"]
fo.writelines(ls)
fo.seek(0)
for line in fo:
    print(line)
fo.close()
```

以下选项中描述错误的是(　　)。

A. fo.writelines(ls)将元素全为字符串的 ls 列表写入文件

B. fo.seek(0)这行代码如果省略，也能打印输出文件内容

C. 代码主要功能为向文件写入一个列表类型，并打印文件中的内容

D. 执行代码时，从键盘输入"清明.txt"，则清明.txt 被创建

解析：本题考查的是 Python 的文件访问位置，读取操作。writelines()方法用于向文件中写入一序列的字符串；seek()用于移动文件读取指针到指定位置。fo.seek(0)这行代码如果省略，则在运行完前面的代码后，文件指针位于文件的最后，再进行后续的读操作的时候，则输出为空，因此这里必须使用语句 fo.seek(0)把文件指针移动到文件开头的位置。故错误的选项为 B。

答案：B

7. 关于 CSV 文件的扩展名，以下选项中描述正确的是(　　)。

A. 扩展名只能是.dat　　B. 扩展名只能是.csv

C. 扩展名只能是.txt　　D. 可以为任意扩展名

解析：本题考查的是 CSV 文件的概念。CSV 是一种通用的、相对简单的文件格式，被用户、商业和科学广泛应用。全称为逗号分隔值(Comma-Separated Values，有时也称为字符分隔值，因为分隔字符也可以不是逗号)，其文件以纯文本形式存储表格数据(数字和文本)。纯文本意味着该文件是一个字符序列，不含必须像二进制数字那样被解读的数据。扩展名不影响 CSV 文件的存储格式，可以使用任意扩展名。故答案选 D。

答案：D

二、填空题

1. 在 Python 中，按数据组织形式，可以把文件分为____和____两大类。

解析：本题考查的是 Python 数据组织形式。按数据的组织形式，文件可以分为文本文件和二进制文件两大类。文本文件：这类文件以常规的字符串形式存储在计算机中，它是以"行"为基本结构的一种信息组织和存储方式。二进制文件：这类文件以文本的二进制形式存储在计算机中，用户一般不能直接读懂它们，只有通过相应的软件才能将其显示出来。二进制文件一般是可执行程序、图形、图像、声音等。

答案：文本文件　二进制文件

2. Python 内置函数______用来打开或创建文件并返回文件对象。

解析：本题考查的是 Python 文件中的常用函数。open( ) 函数用于打开一个文件，创建一个 file 对象，相关的方法才可以调用它进行读写。

答案：open( )

3. Python 文件对象的方法______用来返回文件指针的当前位置。

解析：本题考查的是 Python 文件中的常用方法。tell( ) 方法可以用来返回文件指针的当前位置。

答案：tell( )

4. 对文件进行写入操作之后，______方法用来在不关闭文件对象的情况下将缓冲区内容写入文件。

解析：本题考查的是 Python 文件中的常用方法。flush( ) 方法是用来刷新缓冲区的，即将缓冲区中的数据立刻写入文件，同时清空缓冲区，不需要被动等待输出缓冲区写入。一般情况下，文件关闭后会自动刷新缓冲区，但有时你需要在关闭前刷新它，这时就可以使用 flush( ) 方法。

答案：flush( )

5. 使用上下文管理关键字______可以自动管理文件对象，不论何种原因结束该关键字中的语句块，都能保证文件被正确关闭。

解析：本题考查的是 Python 文件中的常用关键字。with 语句适用于对资源进行访问的场合，确保不管使用过程中是否发生异常都会执行必要的"清理"操作，释放资源，比如文件使用后自动关闭、线程中锁的自动获取和释放等。

答案：with

6. Python 标准库的______提供了大量文件与文件夹操作的方法。

解析：本题考查的是 Python 文件操作常用的标准库。Python 标准库的 os 模块除了提供使用操作系统功能和访问文件系统的简便方法之外，还提供了大量文件与文件夹操作的方法，例如 chdir( )、getcwd( ) 等。

答案：os 模块

7. Python 标准库中 os 模块的____方法用来返回当前工作目录。

解析：本题考查的是 Python 标准库 os 模块中的常用方法。getcwd( ) 方法用来返回当前工作目录。

答案：getcwd()

三、读程序写结果

1. 写出以下程序的运行结果。

文件 dat. txt 里的内容如下：

```
Python&Java
```

以下程序的输出结果是：

```
fo=open("dat.txt",'r')
fo.seek(2)
print(fo.read(8))
fo.close()
```

解析：本题考查的是 Python 文件的读操作。首先以只读的形式打开已经存在的文件 dat. txt；然后语句 fo. seek(2) 移动文件指针到索引为 2 的位置上，即字母 t 的位置；接下来 fo. read(8) 从文件指针的位置开始读取 8 个字节的内容，即 thon&Jav；最后关闭文件。

答案：thon&Jav

2. 写出以下程序的运行结果。

```
fo=open("text.txt",'w+')
x,y='this is a test','hello'
fo.write('{},{}\n'.format(y,x))
fo.seek(0)
print(fo.read())
fo.close()
```

解析：本题考查的是 Python 文件的读写操作。首先通过语句 fo=open("text. txt",'w+') 创建了一个名为 text 的文本文件；然后将格式化好的内容写入文件中；接着将文件指针移动到文件开头将文件中所有内容读出来，并打印显示；最后关闭文件。

答案：hello，this is a test

3. 写出以下程序的运行结果。

```
import os
path='D:\\python\\test\\test.txt'
print(os.path.dirname(path))
```

解析：本题考查的是 Python 标准库 os. path 模块中的常用方法。dirname() 方法返回给定路径的文件夹部分。

答案：D:\python\test

【习题】

一、选择题

1. 以下选项中，对文件描述错误的是（　　）。

A. 文件可以包含任何内容

B. 文件是存储在辅助存储器上的数据序列
C. 文件是数据的集合和抽象
D. 文件是程序的集合和抽象
2. 以下选项中,对文件的描述错误的是(　　)。
A. 文件中可以包含任何数据内容
B. 文本文件和二进制文件都是文件
C. 文本文件不能用二进制文件方式读入
D. 文件是一个存储在辅助存储器上的数据序列
3. 以下选项中,对二进制文件的描述错误的是(　　)。
A. 数据库文件、图像文件、可执行文件等均属于二进制文件
B. 不能通过 Python 的文件对象直接读取和理解二进制文件的内容
C. 二进制文件的操作流程与文本文件的操作流程不相同
D. 可以用标准库 pickle 中的方法对二进制文件进行操作
4. 关于 CSV 文件的描述,以下选项中错误的是(　　)。
A. 整个 CSV 文件是一个二维数据
B. CSV 文件通过多种编码表示字符
C. CSV 文件的每一行是一维数据,可以使用 Python 中的列表类型表示
D. CSV 文件格式是一种通用的文件格式,应用于程序之间转移表格数据
5. 关于二维数据 CSV 存储问题,以下选项中描述错误的是(　　)。
A. CSV 文件全称为逗号分隔值
B. CSV 文件的每行采用逗号分隔多个元素
C. CSV 文件的每一行表示一个具体的一维数据
D. CSV 文件不能包含二维数据的表头信息
6. 关于 Python 文件处理,以下选项中描述错误的是(　　)。
A. Python 能处理 JSON 文件　　B. Python 能处理 XML 文件
C. Python 能处理 CSV 文件　　D. Python 不能处理 PDF 文件
7. Python 对文件操作采用的统一步骤是(　　)。
A. 打开—操作　　B. 读取—写入—关闭
C. 打开—读取—写入—关闭　　D. 打开—操作—关闭
8. 当打开一个不存在的文件时,以下选项中描述正确的是(　　)。
A. 一定会报错　　B. 根据打开类型不同,可能不报错
C. 文件不存在则创建文件　　D. 不存在文件无法被打开
9. 关于 Python 文件的'+'打开模式,以下选项中描述正确的是(　　)。
A. 只读模式
B. 覆盖写模式
C. 追加写模式
D. 与 r/w/a/x 一同使用,在原功能基础上增加同时读写功能
10. Python 文件只读打开模式是(　　)。
A. w　　B. x　　C. b　　D. r
11. Python 文件读取方法 read(size)的含义是(　　)。
A. 从头到尾读取文件所有内容
B. 从文件中读取一行数据
C. 从文件中读取多行数据

D. 从文件中读取指定 size 大小的数据,如果 size 为负数或者空,则读取到文件结束

12. 关于 Python 文件读取方法 write( ),以下选项描述错误的是(　　)。

A. 写入的内容形式与文件打开模式没有关系

B. 用于向文件中写入指定字符串

C. 返回的是写入的字符长度

D. 在文件关闭前或缓冲区刷新前,写入的字符串内容存储在缓冲区中

13. 以下文件操作方法中,打开后能读取 CSV 格式文件的选项是(　　)。

A. fo=open("ABC. csv","w")　　B. fo=open("ABC. csv","x")

C. fo=open("ABC. csv","a")　　D. fo=open("ABC. csv","r")

14. 以下文件操作方法中,打开后能读写 txt 格式文件且原有内容不被覆盖的选项是(　　)。

A. fo=open("ABC. txt","w")　　B. fo=open("ABC. txt","x+")

C. fo=open("ABC. . txt","a+")　　D. fo=open("ABC. . txt","r")

15. 关于 Python 文件,以下描述错误的是(　　)。

A. open 函数的参数处理模式"b"表示以二进制模式打开文件

B. open 函数的参数处理模式"+"表示可以对文件进行读和写操作

C. open 函数的参数处理模式"a"表示追加方式打开文件,删除已有内容

D. open 函数的参数处理模式"x"表示写模式创建新文件,如果文件已存在抛出异常

16. 关于文件关闭 close( )方法,以下描述正确的是(　　)。

A. 即使不使用 close( )方法关闭文件,对程序运行以及文件也毫无影响

B. 文件处理结束之后,一定要用 close( )方法关闭文件

C. 文件处理遵循严格的“打开—操作—关闭”模式

D. 文件处理后可以不用 close( )方法关闭文件,程序退出时会默认关闭

17. 在进行文件操作后不使用 close( )方法关闭文件,也能保证文件被正确关闭的关键字是(　　)。

A. with　　B. yield　　C. raise　　D. assert

18. 以下程序的功能是(　　)。

```
s="Object-oriented programming has three important concepts, which go under the jaw-breaking names of encapsulation, inheritance, and polymorphism. Encapsulation means an object contains(encapsulates) both data and relevant processing instructions. Once an object has been created, it can be reused in other programs. All objects that are derived from or related to one another are said to form a class. Inheritance is the method of passing down traits of an object from classes to subclasses in the hierarchy.
Polymorphism means that a message(generalized request) produces different results based on the object that it is sent to."
s=s.lower()
for ch in ',.()':
    s=s.replace(ch," ")
words=s.split()
counts={}
for word in words:
    counts[word]=counts.get(word,0)+1
items=list(counts.items())
items.sort(key=lambda x:x[1],reverse=True)
fo=open("word.txt","w")
```

```
for i in range(10):
    word,count=items[i]
    fo.writelines(word+":"+str(count)+"\n")
fo.close()
```

A. 统计字符串 s 中所有单词的出现次数,将单词和次数写入 word. txt 文件

B. 统计字符串 s 中所有字母的出现次数,将单词和次数写入 word. txt 文件

C. 统计字符串 s 中前 10 个字母的出现次数,将单词和次数写入 word. txt 文件

D. 统计字符串 s 中前 10 个高频单词的出现次数,将单词和次数写入 word. txt 文件

19. 以下选项中不属于 Python 目录与文件夹操作常用模块的是(　　)。

A. os　　B. os. path　　C. struct　　D. shutil

20. 关于目录和文件夹操作,以下描述错误的是(　　)。

A. 文件夹遍历不需要使用循环操作

B. 遍历文件夹有深度优先遍历和广度优先遍历两种方法

C. 遍历文件夹需要使用到 os 模块中的相关方法

D. 可以使用递归的方法遍历指定目录下所有子目录和文件

二、填空题

1. 图形图像文件、可执行文件、各类 office 文件等一般属于____文件。

2. Python 内置函数______用来关闭文件,并释放文件对象。

3. Python 文件对象的方法______用来把文件指针移动到新的位置。

4. 对文件进行写入操作之后,______方法用来在不关闭文件对象的情况下将缓冲区内容写入文件。

5. Python 文件对象的方法______从文本文件中读取一行内容作为结果返回。

6. Python 标准库______提供了大量文件与文件夹操作的方法。

7. Python 标准库______提供了对 JSON 文件的相关操作的方法。

8. Python 标准库______提供的 reader、writer 对象和 DictReader、DictWriter 类很好地支持了 CSV 格式文件的读写操作。

9. Python 标准库中 os 模块的______方法用来返回包含指定文件夹中所有文件和子文件夹的列表。

10. Python 标准库中 os. path 模块中的____方法用来测试指定的路径是否为文件夹。

三、读程序写结果

1. 写出以下程序的功能。

```
s='Python'
with open('programming_language.txt','a+') as f:
    f.writelines('\n')
    f.writelines(s)
```

2. 写出以下程序的运行结果。

文件 programming_language. txt 里的内容如下:

```
Python
Java
C++
```

以下程序的输出结果是：

```
with open('programming_language.txt') as f:
    cnames=f.readlines()
    print(cnames)
```

3. 写出以下程序的功能。

文件 programming_language.txt 里的内容如下：

```
Python
Java
C++
```

以下程序的功能是：

```
with open('programming_language.txt') as f1:
    cNames=f1.readlines()
for i in range(0,len(cNames)):
    cNames[i]=str(i+1)+' '+cNames[i]
with open('programming_language2.txt','w') as f2:
    f2.writelines(cNames)
```

4. 写出以下程序的运行结果,若不对请改正。

```
fname=input("请输入要写入的文件:")
fo=open(fname,"w+")
ls=["AAA","BBB","CCC"]
fo.writelines(ls)
for line in fo:
    print(line)
fo.close()
```

5. 写出以下程序的运行结果。

文件 programming_language.txt 里的内容如下：

```
Python
Java
C++
```

以下程序的输出结果是：

```
fo=open("programming_language.txt",'r')
fo.seek(2)
print(fo.read(8))
fo.close()
```

6. 写出以下程序的运行结果。

```
import os
path='D:\\Python\\test\\programming_language.txt'
print(os.path.dirname(path))
```

四、编程题

1. 编写程序，在 D 盘根目录下创建一个文本文件 sample. txt，并向其中写入字符串 hello world。

2. 编写程序，遍历并输出文本文件 sample. txt 里的所有内容。

3. 编写程序，将文本文件 sample. txt 中 6~9 位置上的字符修改为 test。

4. 编写程序，统计文本文件 sample. txt 中最短行的长度和该行的内容。

5. 编写程序，查看当前工作路径，并且将当前工作路径修改为"D:\"。

五、简答题

1. 请简述二进制文件和文本文件的区别。

2. 请简述相对路径和绝对路径的区别。

【习题参考答案】

一、选择题

1~5:D C C B D　　6~10:D D B D D　　11~15:D A D C C　　16~20:D A D C A

二、填空题

1. 二进制
2. close( )
3. seek( )
4. flush( )
5. readline( )
6. os 模块
7. json

8. csv
9. listdir( )
10. isdir( )

三、读程序写结果

1. 向 programming_language. txt 文件中追加写入字符串'Python'
2. ['Python\n', 'Java\n', 'C++']
3. 向文件 programming_language. txt 里的字符串前加上序号 1、2、3、…后写到另一个文件 programming_language2. txt 中。
4. 程序无法正确运行，需要在语句 fo. writelines(ls) 后面添加一句 fo. seek(0)
5. thon
   Jav
6. 'D:\Python\test'

四、编程题

1. 参考代码：

```
fp=open(r'D:\sample.txt','a+')
print('hello world',file=fp)
fp.close()
```

2. 参考代码：

```
with open('sample.txt','r') as f:
    for line in f:
        print(line)
```

3. 参考代码：

```
with open('sample.txt','r+') as f:
    f.seek(6)
    f.write('test')
```

4. 参考代码：

```
with open('sample.txt') as f:
    c=f.readline()
    lmin=len(c)
    f.seek(0)
    for line in f:
        t=len(line)
        if t<lmin:
            lmin=t
            c=line
print(lmin,c)
```

5. 参考代码：

```
import os
print(os.getcwd())
os.chdir('D:\\')
```

五、简答题

1. 文本文件和二进制文件的区别在于文件的组织形式上。文本文件存储的是常规字符串，由若干文本行组成，通常每行以换行符'\n'结尾，其编码形式是 unicode 码，文本文件可以使用字处理软件如 gedit、记事本进行编辑。二进制文件把对象内容以字节串(bytes)进行存储，无法用记事本或其他普通字处理软件直接进行编辑，通常也无法被人类直接阅读和理解，需要使用专门的软件进行解码后读取、显示、修改或执行，常见的如图形图像文件、音视频文件、可执行文件、资源文件、各种数据库文件、各类 office 文档等。

2. 绝对路径：从盘符开始的路径，形如 C:\windows\system32\cmd. exe；

相对路径：从当前路径开始的路径，假如当前路径为 C:\windows\system32，要描述上述同样的路径，只需输入 cmd. exe。

第三篇

上机实践

第1章 Python集成环境介绍

【IDLE 集成环境】

IDLE 是 Python 软件包自带的一个集成开发环境，可以方便地创建、运行、调试 Python 程序。本章包括 IDLE 的安装和使用教程。

一、IDLE 安装

IDLE 是官方 Python（版本 2.x 或 3.x）解释器安装过程的用户自定义安装选项，IDLE 是跟 Python 解释器一起安装的，安装过程中不要更改安装默认参数。在安装完成后需根据 Python 安装目录配置 Windows 系统变量，这里不再演示 Python 安装过程。安装成功后可以在 Windows 开始菜单输入 IDLE 进行搜索，如图 1 在开始菜单能查到 IDLE 的运行文件，点击文件即可运行。

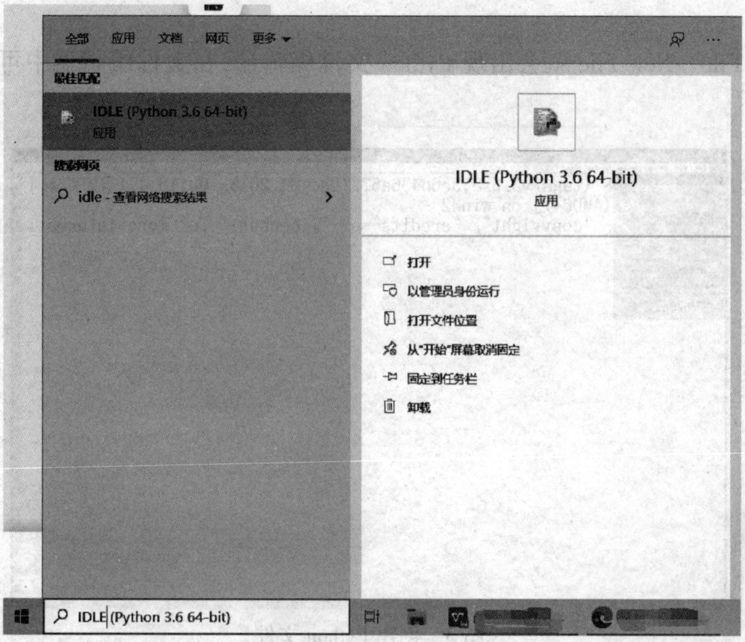

图 1　查找 IDLE 运行文件

二、IDLE 运行

IDLE 所在路径:开始→所有程序→Python 2. x/3. x→IDLE(Python GUI),点击 IDLE 运行。为避免每次使用 IDLE 都要去菜单中找的麻烦,可以将 IDLE 创建桌面快捷方式,方便使用。

1. 交互式运行方式

打开 IDLE 可以看到 Python Shell 界面,如图 2 所示,三个大于号是 Python 交互式命令提示符,可以直接编程,敲回车即可看到程序运行结果。如有问题可以点菜单栏里的 Help 查看帮助文档。

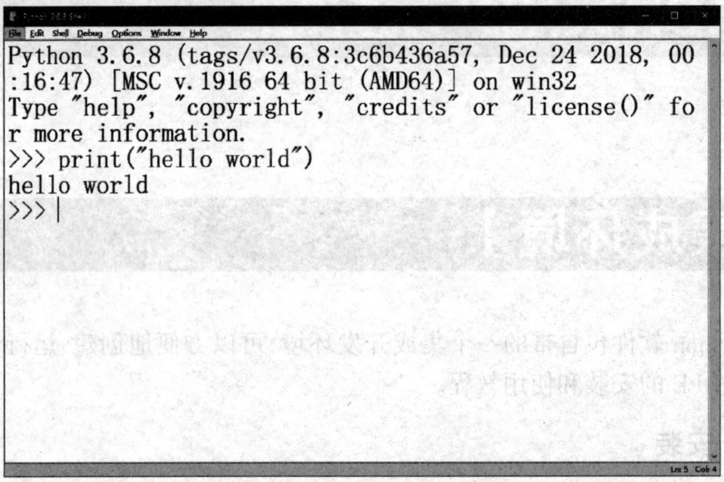

图 2 Python Shell 界面

2. 文件式运行方式

交互式运行方式写错代码后不能直接在 Python 提示符下修改代码,只能另起一行重新输入代码再执行,对于多行程序来说显然是不方便的,为了方便编辑代码,可以使用 IDLE 文件式执行代码。

依次点击 File→New File 就会出现 Python 文件编辑器,在文件编辑器中可以随意修改代码,如图 3 所示。

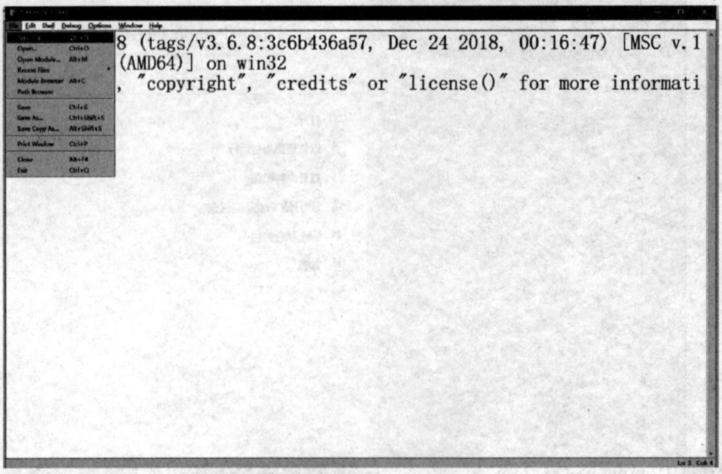

图 3 创建 Python 文件

代码编辑完成之后点击 File→Save 保存为 xx. py 文件(xx 为你起的文件名),如图 4 所示。

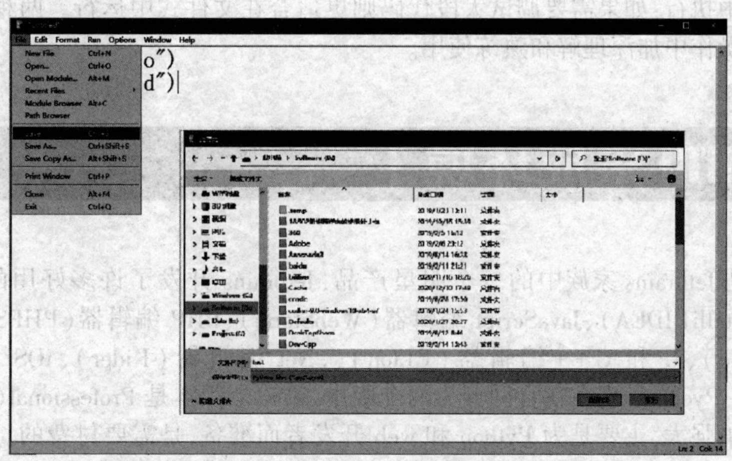

图 4　保存 Python 文件

点击文件编辑器菜单栏中的 Run→Run Module 即可运行程序,运行结果会在 Python Shell 中显示,如图 5 和图 6 所示。

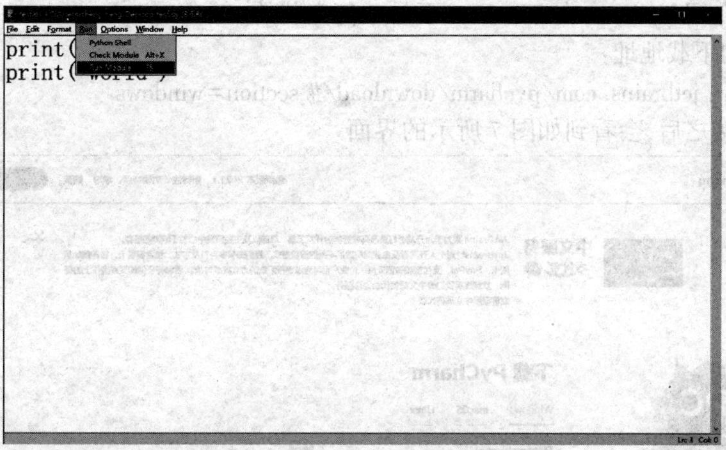

图 5　使用 Run Module 命令运行程序

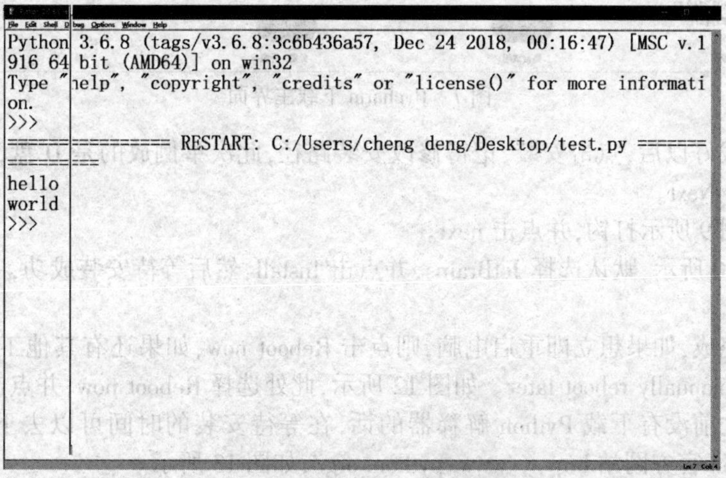

图 6　Python 文件运行后效果

以上即是 IDLE 中的两种程序运行方式,没有好坏之分,若只执行一行命令或者运行文件可以在交互式中执行;如果需要调试大段代码则更适合在文件式中运行。两种运行方式可以在后续的实验操作中加深理解和熟练使用。

【Pycharm 集成环境】

Pycharm 是 Jetbrains 家族中的一个明星产品,Jetbrains 开发了许多好用的编辑器,包括 Java 编辑器(IntelliJ IDEA)、JavaScript 编辑器(WebStorm)、PHP 编辑器(PHPStorm)、Ruby 编辑器(RubyMine)、C 和 C++编辑器(CLion)、.Net 编辑器(Rider)、iOS/macOS 编辑器(AppCode)等。Pycharm 现在在官网分为两个版本,第一个版本是 Professional(专业版本),这个版本功能更加强大,主要是为 Python 和 web 开发者而准备,是需要付费的。第二个版本是社区版,比较轻量级,主要是为 Python 和数据专家而准备的。一般做开发时,下载专业版本比较合适,如果是学习,下载社区版就好了。

Pycharm 是比较主流的 Python 编辑器,而且可以跨平台,在 macos 和 windows 下面都可以用。

下面主要介绍 Pycharm 在 Windows 下是如何安装的。

Pycharm 的下载地址:

http://www. jetbrains. com/pycharm/download/# section=windows

进入该链接之后,会看到如图 7 所示的界面。

图 7　Pycharm 下载主界面

(1)当下载好以后,点击安装,记得修改安装路径,此次举例放的是 D 盘,修改好以后,如图 8 所示,点击 Next。

(2)按照图 9 所示打钩,并点击 next。

(3)如图 10 所示,默认选择 JetBrains,并点击 Install,然后等待安装成功,安装进行过程如图 11 所示。

(4)安装完成,如果想立即重启电脑,则点击 Reboot now,如果还有其他工作没有完成,则点击 I want to manually reboot later。如图 12 所示,此处选择 Reboot now,并点击 Finish 按钮。

(5)如果之前没有下载 Python 解释器的话,在等待安装的时间可以去下载 Python 解释器。进入 Python 官方网站 http://www. python. org/,如图 13 所示。

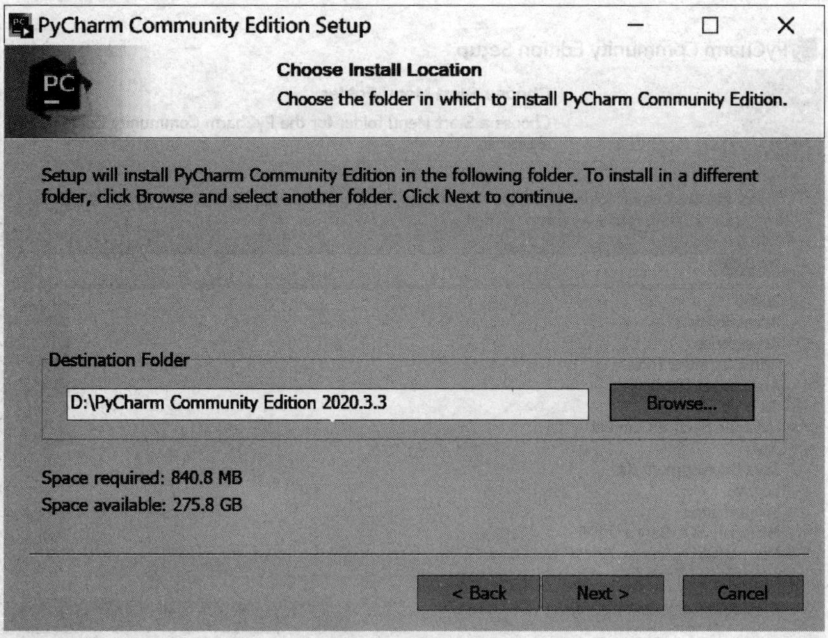

图 8　选择安装路径

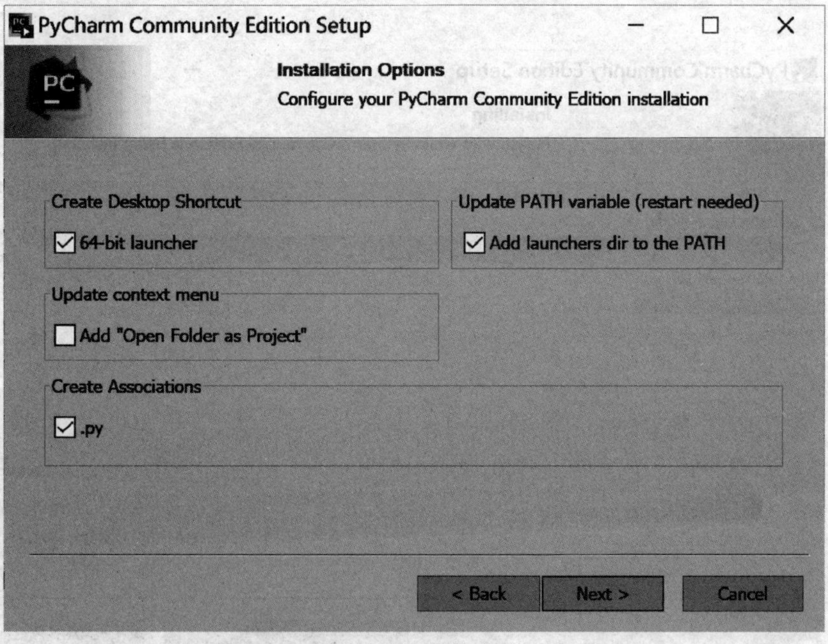

图 9　选择安装选项

(6)点击 Downloads,进入选择下载界面,如图 14 所示,选择需要的 Python 版本号,点击 Download。

(7)选择合适的 Python 版本,会看到如图 15 所示界面,根据推荐,选择 Windows installer (64-bit)并单击等待下载完成。

(8)下载完成之后点击安装,如图 16 所示,点击 Install Now 即可,或者可根据个人电脑情况选择 Customize installation。推荐新手选择 Install Now。并且不要忘了点击最下方的两个选项。

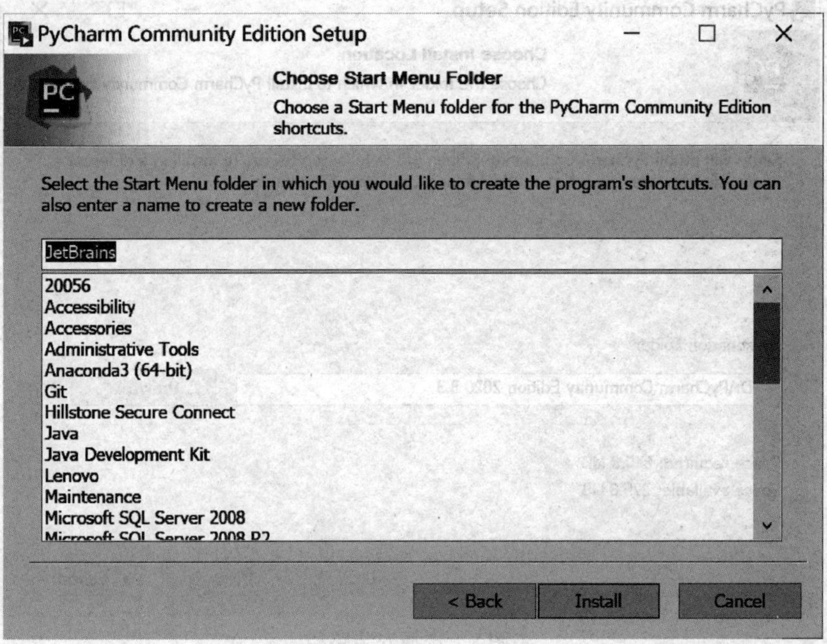

图 10 点击 Install 安装

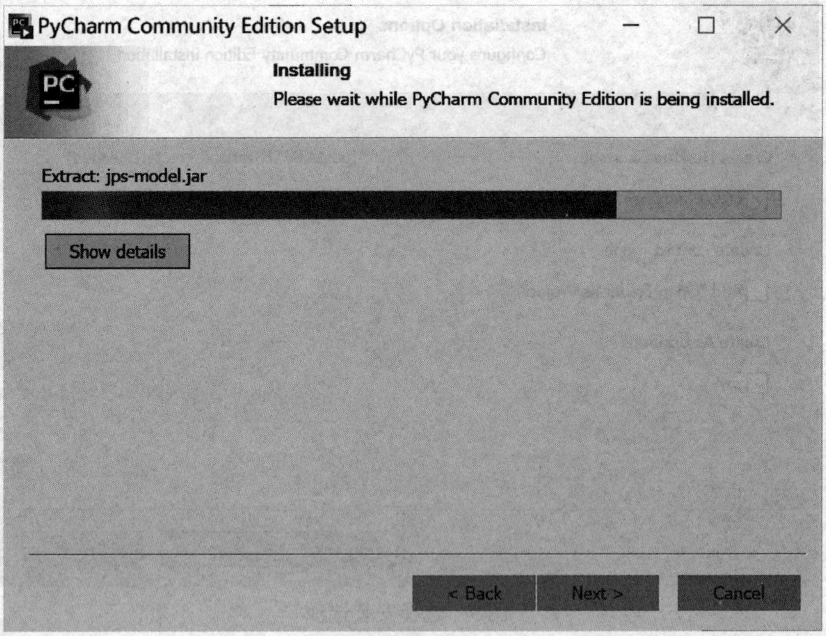

图 11 安装过程

(9)此后的安装比较简单,直至出现 Setup was successful,点击 Close 即可。

(10)至此,Pycharm 和 Python 解释器均安装完成。在桌面上点击 Pycharm 图标,进入软件之后点击 File,然后点击 New Project,出现图 18 所示界面。其中第一个 Location 是存放工程的路径,点击后面的...可以自行选择存放路径。注意:选择的路径需要为空,不然无法创建,第二个 Location 不用动它,是自动默认的,其余不用点。然后点击 Create 按钮,等待 Pycharm 配置环境,出现图 19 所示界面。

图 12　安装完成，立即重启

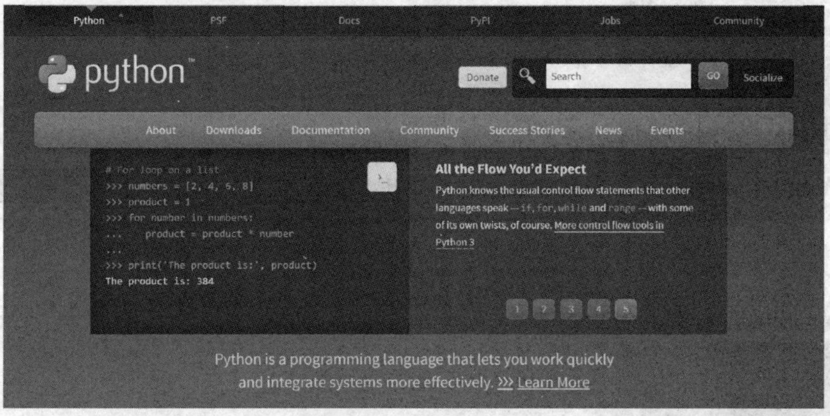

图 13　Python 官网

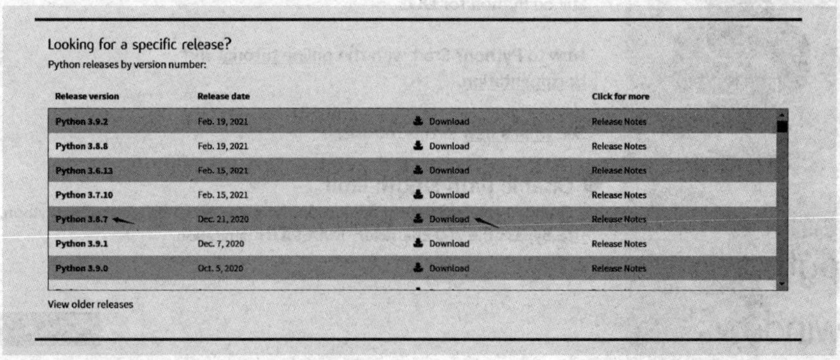

图 14　Python 解释器版本

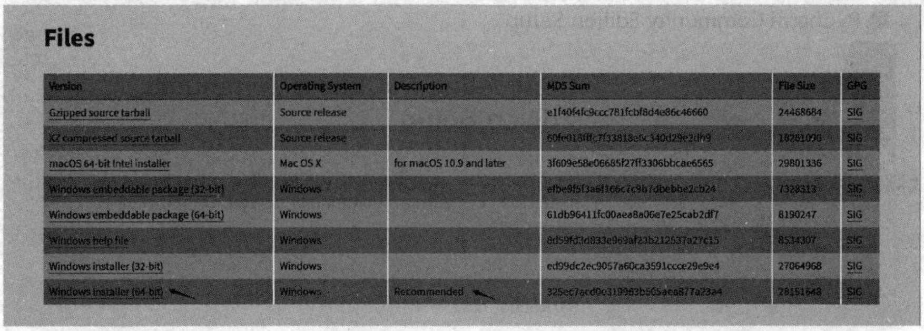

Files

Version	Operating System	Description	MD5 Sum	File Size	GPG
Gzipped source tarball	Source release		e1f40f4fc9ccc781fcbf8d4e86c46660	24468684	SIG
XZ compressed source tarball	Source release		60fe018fffc7f33818e6c340d29e2db9	18261096	SIG
macOS 64-bit Intel installer	Mac OS X	for macOS 10.9 and later	3f609e58e06685f27ff3306bbcae6565	29801336	SIG
Windows embeddable package (32-bit)	Windows		efbe9f5f3a6f166c7c9b7dbebbe2cb24	7328313	SIG
Windows embeddable package (64-bit)	Windows		61db96411fc00aea8a06e7e25cab2df7	8190247	SIG
Windows help file	Windows		8d59fd3d833e969af23b212537a27c15	8534307	SIG
Windows installer (32-bit)	Windows		ed99dc2ec9057a60ca3591ccce29e9e4	27064968	SIG
Windows installer (64-bit)	Windows	Recommended	325ec7acd0e319963b505aea877a23a4	28151648	SIG

图 15 Python 解释器安装包

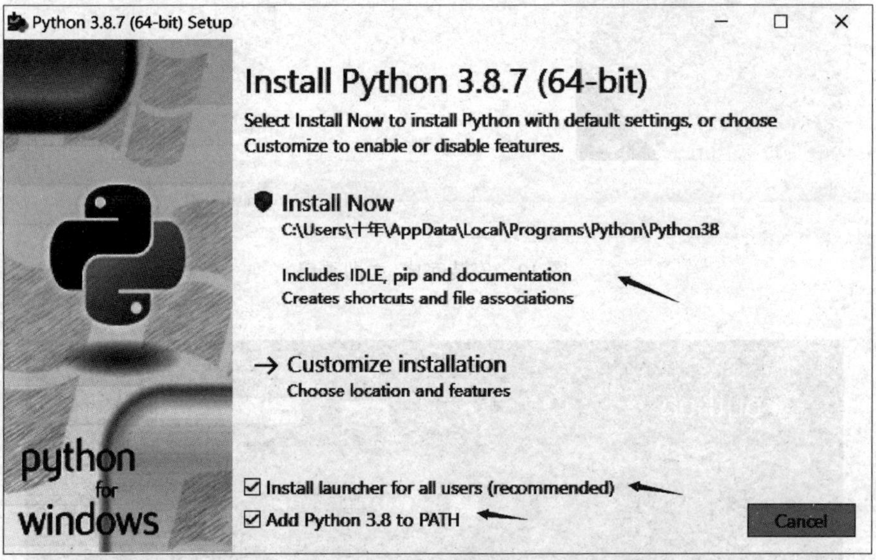

图 16 Python 解释器安装选项

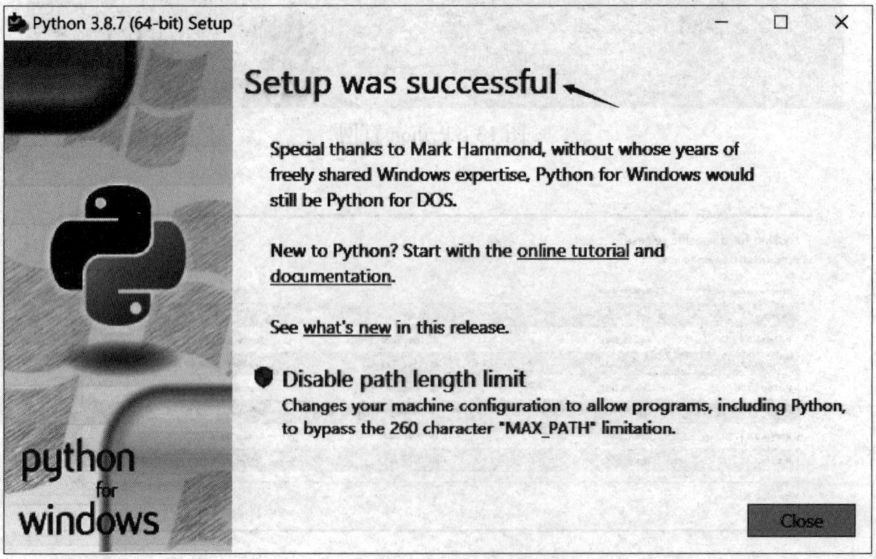

图 17 Python 解释器安装完成

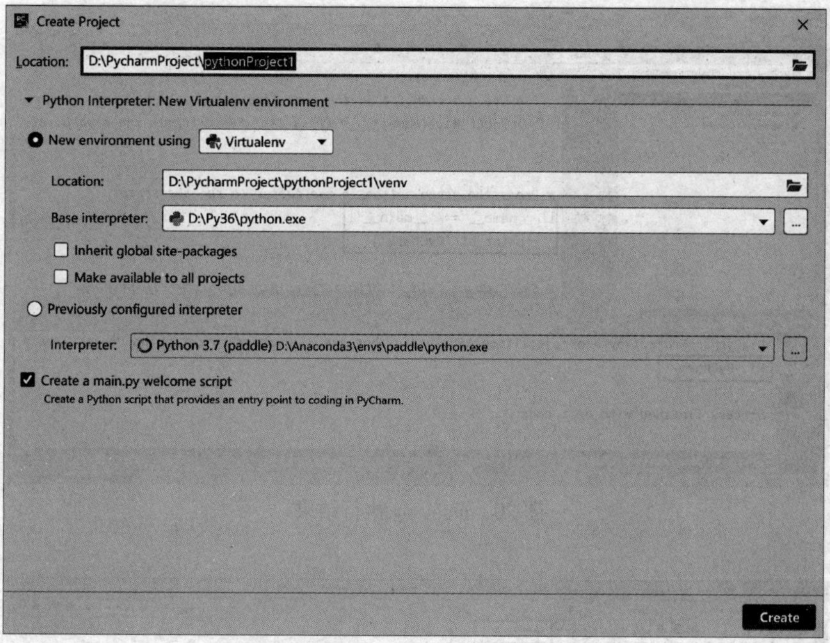

图 18　Pycharm 进入 Creat Project 界面

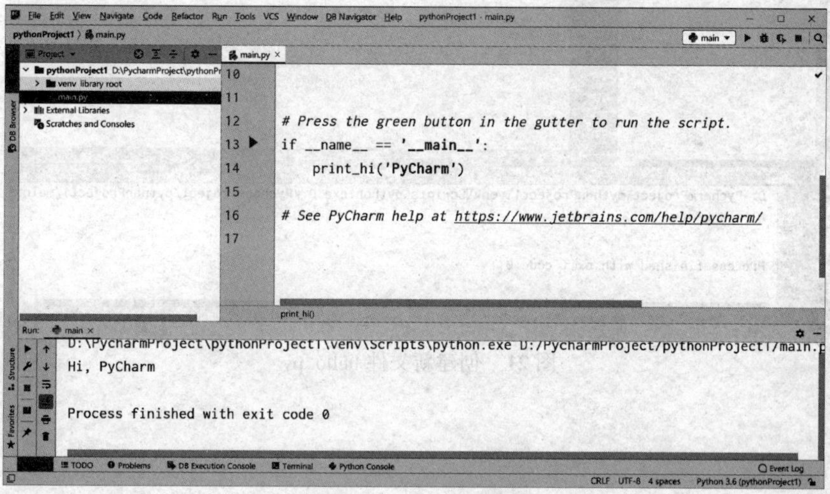

图 19　Pycharm 新工程创建完毕

(11)点击 File→Settings,点击 Project 下的 Project Interpreter,选择下载的 Python3. 8 版本解释器,点击 apply,至此,项目关联上了 Python3. 8 版本的解释器,项目就可以正确运行了。如果以后需要编写其他版本的 Python 程序,则需要下载相应版本的 Python 解释器,并按照步骤(11)的操作,关联相对应的 Python 解释器。

(12)如图 20 所示,点击右上角 main 旁边的小三角符号,则执行生成项目时自动生成的 main. py 文件,执行结果显示在最下方红框所示位置。

(13)如果需要创建新的文件,则右击项目名 pythonProject1,依次点击 New→PythonFile,输入要创建的文件名,例如输入 hello。点击 Python File,就会生成如图 21 所示的 hello. py 文件,接下来就可以开始自己的 Python 编程之旅了!

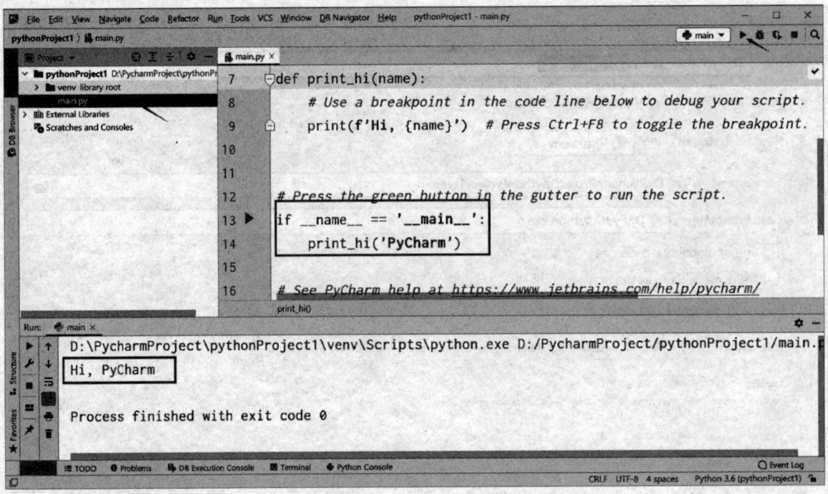

图 20 main. py 执行结果

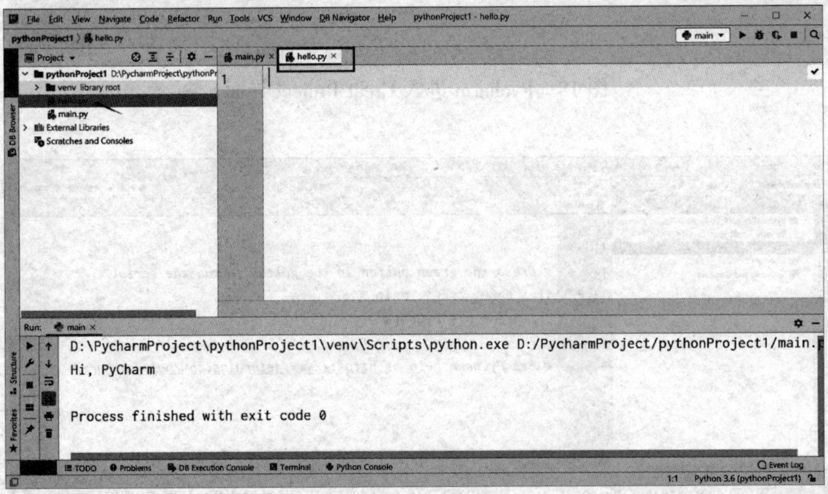

图 21 创建新文件 hello. py

第2章

实验指导

【实验一　Python 语言与程序设计】

一、实验目的

1. 熟悉并掌握 Python 语言开发环境——IDLE 和 Pycharm。
2. 了解 Python 语言的历史和特点。
3. 会用两种开发环境进行简单的代码编写、调试和运行。

二、预习内容

1. Python 语言的历史。
2. Python 语言的特点。
3. Python 算法与程序设计。

三、实验内容

1. 打开 IDLE，在交互模式下输入以下 3 段程序，并能够正确运行。

(1)

```
>>> r=25
>>> area=3.1415 * r * r
>>> print(area)
>>> print("{:.2f}".format(area))
```

(2)

```
>>> import turtle
>>> turtle.pensize(5)
>>> turtle.circle(20)
>>> turtle.circle(30)
>>> turtle.circle(60)
>>> turtle.circle(100)
```

(3)

```
>>> def myfac(n):
    s=1
    for i in range(1,n+1):
        s*=i
    print(s)
>>> myfac(5)
```

2. 打开 Pycharm,在文件模式下输入以下三段程序,并能够正确运行。

(1)

```
r=25
area=3.1415 * r * r
print(area)
print("{:.2f}".format(area))
```

(2)

```
import turtle
turtle.pensize(2)
turtle.circle(10)
turtle.circle(40)
turtle.circle(80)
turtle.circle(160)
```

(3)

```
def myfac(n):
s=1
for i in range(1,n+1):
        s*=i
print(s)
myfac(5)
```

【实验二 Python 语言基础】

一、实验目的

1. 熟悉并掌握 Python 语言开发环境——IDLE 的使用方法。
2. 掌握 Python 语言的基本语法和基本数据类型的使用。
3. 掌握 Python 语言的数据基本运算使用方法。

二、预习内容

1. Python 语言程序的编写步骤。
2. IDLE 的使用方法。
3. Python 语言基础知识。

三、实验内容

1. 打开 IDLE,在交互模式下输入以下程序,注意各种出错信息。

```
>>>print("hello world")
```

(1)正确输入上例程序并观察输出结果。

(2)将圆括号、引号用中文输入法(全角)输入,查看出错信息,然后改正。

(3)不输入或少输入程序中的引号,查看出错信息,然后改正。

(4)不输入或少输入程序中的圆括号,查看出错信息,然后改正。

(5)将 print 首字母大写,查看出错信息,然后改正。

(6)直接输入"hello world",观察是否出错以及输出结果。

2. 使用文件模式编写程序并运行,注意各种出错信息。

```
print("hello world")
```

(1)正确输入上例程序并观察输出结果。

(2)直接输入"hello world",观察是否出错以及输出结果。

3. 写出程序运行结果并上机验证(要求上机前先分析程序并写出运行结果,然后上机进行结果验证)。

```
print(1 in [1,2,3,4])
print([1] in [1,2,3,4])
print("me" in "appointment")
print(9 is "9")
```

4. 写出程序运行结果并上机验证(要求上机前先分析程序并写出运行结果,然后上机进行结果验证)。

```
print(0.1*3==0.3)
```

(1)正确输入上例程序并观察输出结果。

(2)输出结果是否满足数学逻辑,若不符合,如何进行修改?

5. 写出程序运行结果并上机验证(要求上机前先分析程序并写出运行结果,然后上机进行结果验证)。

```
print(7/2)
print(7//2)
print(7%2)
print(7**2)
```

6. 编程题。

(1)请参照本章例题,编写一个 Python 语言程序,用于显示以下信息。

```
******************
Python Programming!
******************
```

(2)请参照本章例题,编写一个 Python 语言程序,分别测试 3.14、"3.14"的数据类型。

(3)请参照本章例题,编写一个 Python 语言程序,任意输入三个整数,计算它们的和并显示。

【实验三 聚合类型数据及运算】

一、实验目的

1. 了解 Python 数据结构和聚合数据类型的概念。
2. 掌握字符串的创建、修改和删除,掌握其支持的内置函数、运算和常用方法。
3. 掌握列表的创建、修改以及删除,掌握其支持的内置函数、运算和常用方法。
4. 掌握元组的创建、修改以及删除,掌握其支持的内置函数、运算和常用方法。
5. 掌握字典的创建、修改以及删除,掌握其支持的内置函数、运算和常用方法。
6. 了解集合的创建、修改以及删除,掌握其支持的内置函数、运算和常用方法。
7. 掌握列表切片操作的强大功能。
8. 了解序列解包的多种形式和用法。

二、预习内容

1. Python 常见的聚合类型数据及其运算。
2. 聚合类型数据支持的内置函数、运算和常用方法。
3. 列表切片操作的强大功能。

三、实验内容

1. 写出程序运行结果并上机验证(要求上机前先分析程序并写出运行结果,然后上机进行结果验证)。

```
>>> s='中国制造'
>>> len(s)
>>> s='中国制造 ABCDE'
>>> len(s)
>>>姓名='张三'
>>> print(姓名)
```

(1)正确输入上例程序并观察输出结果。

(2)分析在 Python3.x 版本中,数字、英文字母或者汉字,在统计字符串长度时,分别是如何对待的?

2. 写出程序运行结果并上机验证(要求上机前先分析程序并写出运行结果,然后上机进行结果验证)。

```
x=list('Python is good!')
print(x)
print(x[0])
print(x[-1])
print(x[::])
print(x[::-1])
print(x[::2])
print(x[1::2])
```

```
print(x[3:6])
```

(1)正确输入上例程序并观察输出结果。

(2)列表的元素访问和切片操作有什么规律？请详细总结并验证所总结的规律是否正确。

3. 写出程序运行结果并上机验证(要求上机前先分析程序并写出运行结果，然后上机进行结果验证)。

```
tup1=(88,99)
tup2=('abc','def')
tup3=tup1+tup2
print(tup3)
```

(1)正确输入上例程序并观察输出结果。

(2)分析语句 tup1[0]=89 是否能正确执行，如果能，原因是什么？如果不能，为什么不能？

4. 写出程序运行结果并上机验证(要求上机前先分析程序并写出运行结果，然后上机进行结果验证)。

```
dict={'Name':'xiaoming','Age':18,'Sex':'Male'}
del dict['Name']
dict.clear()
del dict
print("dict['Age']:",dict['Age'])
print("dict['Sex']:",dict['Sex'])
```

(1)正确输入上例程序并观察输出结果。

(2)上述程序不能正确执行的原因是什么？请分析程序不能正确执行的原因并修改。

5. 程序填空(根据给出程序的设计要求，在划线部分填入正确的程序代码，然后上机进行结果验证)。

(1)用户输入一个字符串，要求输出每个字符对应的 Unicode 值，这些值采用逗号分隔，最后没有逗号。

```
s=input("")
ls=[]
for c in s:
    ____________
print(____________)
```

(2)请补充横线处的代码，listAnimal 中存放了动物园里已有的动物，让 Python 增加一个“大猩猩”，去掉一个“东北虎”。

```
listAnimal=['东北虎','金丝猴','大象','果子狸','小熊猫']
listAnimal.____________("大猩猩")
listAnimal.____________("东北虎")
print(listAnimal)
```

(3)从键盘输入一个列表，计算并输出列表元素的平均值。

```
def mean(numlist):
    s=0.0
    for num in numlist:
```

```
    ____________
    return ______
ls=eval(input(""))
print("average",______)
```

6. 改错题(改正代码中的所有错误,使其能得出正确的结果。注意:不得增行和删行,也不得更改程序的结构)。

(1)程序功能:使用给定的整数 n,编写一个程序生成一个包含(i,i*i)的字典,该字典包含 1 到 n 之间的整数(两者都包含)。然后程序打印字典。

假设向程序提供以下输入:8

则输出为:

{1:1,2:4,3:9,4:16,5:25,6:36,,7:49,8:64}

```
print('请输入一个数字:')
n=int(input())
d=dict()
for i in range(1,n):
    d[i]=i*i

print(d[i])
```

(2)程序功能:求可以被 17 整除的所有三位数。

```
for num in range(100,1000):
    if num % 17=0:
        print num
```

程序功能:求 1+2+3+…+100 的值。

```
i=1
s=1
while i<101:
    s+=i
    i+=1
print i
```

7. 编程题。

(1)用户输入一个字典类型的字符串,将其中键值对翻转输出,即将 key:value 模式输出为 value:key 模式。如果用户输入不正确,提示:输入错误。

(2)编写程序,实现求 1~100 之间的所有偶数的和。

(3)编写一个程序,计算 a+aa+aaa+aaaa 的值,给定的数字作为 a 的值。假设为程序提供了以下输入:3

那么输出应该是:3702

(4)编写一个接受句子并计算字母和数字的程序。假设为程序提供了以下输入:

Hello world! 789

那么输出应该是:

字母 10

数字 3

(5)获得用户输入的一个整数 N,输出 N 中出现的所有不同数字的和。例如,用户输入 123451246,其中所出现的不同数字为 1、2、3、4、5、6,这几个数字和为 21。

(6)编写程序,生成一个包含 20 个随机整数的列表,然后对其中偶数下标的元素进行降序排列,奇数下标的元素不变。

【实验四 结构化程序设计】

一、实验目的

1. 熟悉并掌握 Python 语言程序的基本构成。
2. 掌握 Python 语言的标准输入/输出函数的使用方法。
3. 掌握简单顺序结构中程序的设计方法。
4. 掌握 Python 语言表示逻辑量的方法(以 0 代表"假",非 0 代表"真")。
5. 学会正确使用逻辑运算符和逻辑表达式。
6. 熟练掌握 if 语句的使用。
7. 掌握利用 for 语句、while 语句实现循环的方法。
8. 掌握嵌套循环结构的执行过程。
9. 掌握 continue、break 以及 else 子句在循环结构中的作用与区别。

二、预习内容

1. Python 语言程序的编写步骤。
2. input 函数的使用方法。
3. Python 语言的关系表达式、逻辑表达式和选择结构。
4. 循环结构中的 for 语句、while 语句、continue、break 以及 else 子句的使用方法。

三、实验内容

1. 写出程序运行结果并上机验证(要求上机前先分析程序并写出运行结果,然后上机进行结果验证)。

```
L1=[1,2,3]
L2=L1
L1[1]=6
Sum=L1[1]+L2[1]
print(Sum)
```

(1)正确输入上例程序并观察输出结果。

(2)将语句 L2=L1 改写成 L2=list(L1),并重新分析程序结果。

2. 写出程序运行结果并上机验证(要求上机前先分析程序并写出运行结果,然后上机进行结果验证)。

```
d={}
for i in range(26):
d[chr(i+ord("a"))]=chr((i+13)% 26+ord("a"))
```

```
for c in "cupk":
    print(d.get(c,c),end="")
```

(1)正确输入上例程序并观察输出结果。

(2)请分析该程序的功能,其中语句 d.get(c,c)是否可以替换成 d[c]?

3. 写出程序运行结果并上机验证(要求上机前先分析程序并写出运行结果,然后上机进行结果验证)。

```
for i in range(8):
    if i==10:
        print("find it!")
        break
else:
    print("Didn't find it!")
```

(1)正确输入上例程序并观察输出结果。

(2)将 else 的缩进改成和 if 对齐,并重新分析程序结果。

4. 程序填空(根据给出程序的设计要求,在划线部分填入正确的程序代码,然后上机进行结果验证)。

(1)请从键盘任意输入一个大写英文字母,然后将其转换成对应的小写英文字母输出。

```
c=input()
c2=______
print(c2)
```

(2)从键盘任意输入一个三位整数,分别输出该数的百、十以及个位数字。

```
num=input()
A=______
B=______
C=______
print(A,B,C)
```

(3)从键盘输入若干名学生的成绩,统计并输出最高分和最低分,当输入负数时结束输入。请填空完成程序。

```
x=eval(input())
amax=x
amin=x
while ____:
    if x>amax:
        amax=x
    if____:
        amin=x
    x=______
print(amax,amin)
```

5. 改错题(改正代码中的所有错误,使其能得出正确的结果。注意:不得增行和删行,也不得更改程序的结构)。

(1)程序功能:计算下面分段函数,输入 x,输出对应的 y。

$$y=\begin{cases}x-1 & (x<0)\\ 2x-1 & (0\leqslant x\leqslant 100)\\ \dfrac{2}{5}x & (x>100)\end{cases}$$

```
x=input()
if x<0:
    y=x-1
if 0<=x<=100:
    y=2x-1
else:
    y=2/5*x
print(y)
```

(2)程序功能:求给定列表中所有数的平均值。

```
i=0
L=[1,2,4,5,6,3,4,6]
for i in len(L):
    i+=i
aver=i/len(L)
print(aver)
```

(3)程序功能:求20以内(不含20)所有5的倍数之积。

```
s=0
for i in range(19):
if i%5=0:
    s*=i
print(s)
```

6. 编程题。

(1)已知a、b均是整型变量,编程将a、b两个变量中的值互换。

(2)将华氏温度转换为摄氏温度和热力学温度的公式分别为:

$$c=\frac{5}{9}(f-32)\quad（摄氏温度）$$

$$k=273.16+c\quad（热力学温度）$$

请编写程序:当输入时,求其相应的摄氏温度和热力学温度。

(3)神州行用户无月租费,话费每分钟0.6元,全球通用户月租费40元,话费每分钟0.4元。输入一个月的通话时间,分别计算出两种通话方式的费用,判断哪一种更划算。

(4)编写程序,实现求1~100之间的所有奇数的积,以及所有偶数的和并输出。

(5)编写程序,由用户输入整数n,并打印n行由*构成的三角形,如下图所示。

```
    *
   ***
  *****
 *******
*********
```

(6)编写程序求出满足不等式$1+\frac{1}{2}+\frac{1}{3}+\frac{1}{4}+\frac{1}{5}+\frac{1}{6}\cdots+\frac{1}{n}\geqslant 5$的最小n值并输出。

【实验五 模块化程序设计(一)】

一、实验目的

1. 掌握函数定义、函数调用的基本概念和使用方法。
2. 掌握函数参数、函数返回值的概念和使用方法。
3. 理解函数嵌套调用和递归调用的原理,会进行简单的程序设计。
4. 理解函数的有效范围、内部函数和外部函数等概念。

二、预习内容

1. 函数定义和函数调用。
2. 函数参数和函数返回值。
3. 函数的嵌套调用和递归调用。
4. 函数的有效范围。

三、实验内容

1. 写出程序运行结果并上机验证(要求上机前先分析程序并写出运行结果,然后上机进行结果验证)。

```
def fib(n):
    a,b=0,1
    while a < n:
        print(a,end=' ')
        a,b=b,a+b
    print()

fib(10)
```

(1)正确输入上例程序并观察输出结果。
(2)将 fib(10)改成 fib(9),并重新分析程序结果。
(3)将 fib(10)改成 fib(0),并重新分析程序结果。
(4)总结函数定义和调用的基本语法,并对照教材进行梳理。

2. 写出程序运行结果并上机验证(要求上机前先分析程序并写出运行结果,然后上机进行结果验证)。

```
def myfac(n):
    # 用递归实现
    if n==1:
        return 1
    return n * myfac(n-1)

print(myfac(5))
```

(1)正确输入上例程序并观察输出结果。

(2)上述程序的作用是什么？请认真阅读程序并说明。

(3)上述程序可不可以用之前章节学过的知识进行改写？请试着给出改写之后的程序。

3. 写出程序运行结果并上机验证(要求上机前先分析程序并写出运行结果,然后上机进行结果验证)。

```
def mysum(n):
# 递归实现求和
    if n==1:
        return 1
    return n+mysum(n-1)

print(mysum(100))
```

(1)正确输入上例程序并观察输出结果。

(2)上述程序的作用是什么？请认真阅读程序并说明。

(3)上述程序可不可以用之前章节学过的知识进行改写？请试着给出改写之后的程序。

(4)分析 2 和 3 中此类程序是否都可以用之前学过的知识进行改写？哪种方法的执行效率更高？为什么？

4. 改错题(分析下列代码的执行结果是否正确,若正确,请自行编码验证;若不正确,请给出正确的执行结果并说明理由)。

(1)执行下列程序之后,v 最后输出的值是 4,是否正确？

```
def addOne(a):
    print(id(a),':',a)
    a+=1
print(id(a),':',a)

v=3
addOne(v)
print(v)
```

(2)执行下列程序之后,a 最后输出的值是[3],是否正确？

```
def modify(v):
v[0]=v[0]+1

a=[2]
modify(a)
print(a)
```

5. 程序填空(根据给出程序的设计要求,在划线部分填入正确的程序代码,然后上机进行结果验证)。

(1)以下定义了一个打印个人信息的函数,其中年龄(age)默认为 35 岁。

```
def printinfo(name,______):
"打印个人信息"
    print("名字:",name)
    print("年龄:",age)
___
```

(2)比较两个数,并返回较大的数。

```
def max(a,b):
    if______:
        return a
    else:
        ________
```

(3)求 1! +2! +3! …+n! 的和,其中 n 的值从键盘输入。

```
def fact(n):
    te=1
    for i in range(1,n+1):
        ______
    return te

n=eval(input())
sum=0
for i in range(1,n+1):
    ________
    print(sum)
```

6. 编程题。

(1)编写函数,此函数接收任意多个实数参数,返回一个列表,其中第一个元素为所有实数的平均值,其他元素为所有实数中小于等于平均值的实数的平方。

(2)编写函数,接收字符串参数,返回一个元组,其中第一个元素为大写字母个数,第二个元素为小写字母个数,第三个元素为除大写字母和小写字母之外其余字符的个数。

(3)编写函数,接收一个整数 n 为参数,打印杨辉三角前 n 行。

(4)编写函数,查找给定序列中元素的最大值和最小值。给定一个整数序列,返回一个包含两个整数值的元组,其中元组第一个整数为此序列中的最大值,第二个整数为序列最小值。

【实验六 模块化程序设计(二)】

一、实验目的

1. 熟悉并掌握 Python 语言不同参数类型的使用方法。
2. 掌握函数变量有效范围的使用。
3. 掌握匿名函数的使用方法。

二、预习内容

1. 默认参数,指明参数,可变实参个数参数。
2. 变量有效范围与变量存储类别。
3. 匿名函数的使用。

三、实验内容

1. 写出程序运行结果并上机验证(要求上机前先分析程序并写出运行结果,然后上机进行结果验证)。

```
def S(a,b=3,c=5):
    return sum([a,b,c])
print(S(a=8,c=2))
```

(1)正确输入上例程序并观察输出结果。

(2)将 print(S(a=8,c=2))改成 print(S(8)),并重新分析程序结果。

(3)将 print(S(a=8,c=2))改成 print(S(8,2)),并重新分析程序结果。

(4)将 print(S(a=8,c=2))改成 print(S()),并重新分析程序结果。

2. 写出程序运行结果并上机验证(要求上机前先分析程序并写出运行结果,然后上机进行结果验证)。

```
def demo(newitem,old_list=[]):
    old_list.append(newitem)
return old_list
print(demo('a'))
print(demo('b'))
```

(1)正确输入上例程序并观察输出结果。

(2)上述程序是否正确?请将错误改正。

3. 写出程序运行结果并上机验证(要求上机前先分析程序并写出运行结果,然后上机进行结果验证)。

```
def S(*p):
    return sum(p)
print(S(8))
```

(1)正确输入上例程序并观察输出结果。

(2)将 print(S(8))改成 print(S(3,5,8)),并重新分析程序结果。

(3)将 print(S(8))改成 print(S(3,5,8,2,10)),并重新分析程序结果。

(4)将 print(S(8))改成 print(S()),并重新分析程序结果。

4. 写出程序运行结果并上机验证(要求上机前先分析程序并写出运行结果,然后上机进行结果验证)。

```
def demo():
    x=8
x=3
demo()
print(x)
```

(1)正确输入上例程序并观察输出结果。

(2)如果想要通过 demo()函数修改全局变量 x 的值,请问如何修改?

5. 改错题(改正代码中的所有错误,使其能得出正确的结果。注意:不得增行和删行,也不得更改程序的结构)。

(1)程序功能:定义一个函数 demo,将函数参数全部打印出来,参数 b 的默认值为 9。

```
def demo(a,b=9,c):
print(a,b,c)
```

(2)程序功能:定义一个函数 f(),返回函数参数 x 与全局变量 a 的和。

```
a=3
def f(x):
    return a+x
print(f(8))
```

6. 程序填空(根据给出程序的设计要求,在划线部分填入正确的程序代码,然后上机进行结果验证)。

(1)函数 demo 实现将字符串的前 k 个字母和 k 后面字母交换位置,例如 demo([1,2,3,4,5,6],3)返回[4,5,6,1,2,3]。

```
def demo(lst,____):
    if k<len(lst):
        return ________
print(demo([1,2,3,4,5,6],3))
```

(2)通过 filter 函数返回序列中的所有偶数值。提示:使用匿名函数。

```
list(filter(__________,range(100)))
```

7. 编程题。

(1)编写函数,可以接收任意多个参数并输出其中的最大值和所有参数之和。

示例:输入:1,2,3,4,5,6,7,8

输出:(8,36)

(2)编写函数,接收任意多个参数,可以输出用户指定个数的最大值及求和;若用户没有指定个数,则输出所有数的最大值及求和。

示例:输入:1,2,3,4,5,6,7,8,size=3

输出:(3,6)

(3)编写函数,模拟内置函数 sum(),函数内部不可以调用内置函数 sum()。

(4)编写函数,模拟内置函数 reversed(),函数内部不可以调用内置函数 reversed()。

【实验七 面向对象程序设计】

一、实验目的

1. 熟悉类的定义与使用。
2. 掌握类中几种类型的方法如何调用。
3. 掌握类的继承机制。
4. 掌握简单的异常处理结构。

二、预习内容

1. 构造类型数据。
2. 数据成员与成员函数,成员函数的重载与多态。
3. 类的继承与代码重用。

4. 异常处理。

三、实验内容

1. 写出程序运行结果并上机验证(要求上机前先分析程序并写出运行结果,然后上机进行结果验证)。

```
class People(object):
    __name="Jerry"
    __age=20

p1=People()
print(p1.__name,p1.__age)
```

(1)正确输入上例程序并观察输出结果。

(2)请分析该程序功能,说明程序为什么会报错?如何改正程序才能使程序正确运行?

2. 写出程序运行结果并上机验证(要求上机前先分析程序并写出运行结果,然后上机进行结果验证)。

```
class vehicle():
    def __init__(self,color,brand,price):
        self.color=color
        self.brand=brand
        self.price=price
    def run(self):
        print(self.color,self.brand,self.price)
v=vehicle("黑色","路虎",1500000)
v.run()
```

(1)正确输入上例程序并观察输出结果。

(2)请分析该程序功能,如果想给任意品牌的车一个默认的价格,程序应该如何修改?请分析并编程验证。

3. 写出程序运行结果并上机验证(要求上机前先分析程序并写出运行结果,然后上机进行结果验证)。

```
class user:
userName="未命名"
passwd="123456"
def __init__(self,newUserName,newPasswd):
self.userName=newUserName
self.passwd=newPasswd
def showInfo(self):
print("名字:",self.userName,"密码:",self.passwd)
```

(1)正确输入上例程序并观察输出结果。

(2)请分析该程序实现了什么功能。

4. 改错题(分析下列代码的执行结果是否正确,若正确,请自行编码验证;若不正确,请给出正确的执行结果并说明理由)。

(1)下列程序能否正确运行?

```
class Test:
    def __init__(self,value):
        self.__value=value
    @property
    def value(self):
        return self.__value


t=Test(3)
t.value=5
print(t.value)
```

(2)下列程序能否正确运行?

```
class people:
    def __init__(self,name,age):
        self.name=name
        self.age=age

    def __str__(self):
        return '这个人的名字是%s,已经有%d 岁了!'%(self.name,self.age)


a=people('孙悟空',999)print(a)
```

5. 编程题。

(1)编写程序,实现一个学生类,要求有一个计数器的属性,用来统计总共实例化了多少个学生。

(2)编写程序,实现一个动物(Animal)类,其中鱼和大象都继承自动物类,实现 print_info 方法,输出鱼和大象的相关信息。

(3)编写程序,自定义数据结构中的栈类型,实现基本的入栈、出栈操作。

(4)编写程序,自定义数据结构中的队列类型,实现入队和出队的基本操作。

(5)编写程序,利用多态性,编程创建一个手机类 Phones,定义打电话方法 call()。创建两个子类:苹果手机类 iPhone 和 Android 手机类 APhone,并在各自类中重写方法 call。创建一个用户类类 Users,定义使用手机打电话的方法 use_phone_call()。

【实验八 数据文件处理】

一、实验目的

1. 熟悉并掌握文件的概念。
2. 掌握打开、关闭、读写等文件操作函数。
3. 掌握文件路径的操作。

二、预习内容

1. 文件的基本概念。

2. 文件的打开和关闭函数：open 和 close 函数。
3. 文件的读写函数：read、write、readline、readlines、writelines、seek 函数。

三、实验内容

1. 写出程序运行结果并上机验证（要求上机前先分析程序并写出运行结果，然后上机进行结果验证）。

文件 programming_language. txt 里的内容如下：

```
Python
Java
C++
```

以下程序的输出结果是：

```
with open('programming_language. txt') as f:
cnames=f. readlines()
print(cnames)
```

（1）正确输入上例程序并观察输出结果。
（2）请分析该程序功能，为什么该程序中没有 close 函数关闭文件？

2. 写出程序运行结果并上机验证（要求上机前先分析程序并写出运行结果，然后上机进行结果验证）。

```
fo=open("text. txt",'w+')
x,y='this is a test','hello'
fo. write('{},{}\n'. format(y,x))
fo. seek(0)
print(fo. read())
fo. close()
```

（1）正确输入上例程序并观察输出结果。
（2）请分析该程序功能，若去掉语句 fo. seek(0)，程序是否正确？

3. 写出程序运行结果并上机验证（要求上机前先分析程序并写出运行结果，然后上机进行结果验证）。

```
import os
path='D:\\python\\test\\programming_language. txt'
print(os. path. dirname(path))
```

（1）正确输入上例程序并观察输出结果。
（2）请分析该程序功能。

4. 改错题（改正代码中的所有错误，使其能得出正确的结果。注意：可适当增行，但不得更改程序的结构和功能）。

（1）程序功能：从键盘输入一行字符串，写到新建的文件 a. txt 中。

```
s=input()
fo=open("a. txt","r")
fo. write(s)
```

（2）程序功能：将列表中的内容写入文件，再从文件中读出来。

```
fname=input("请输入要写入的文件:")
fo=open(fname,"w+")
ls=["AAA","BBB","CCC"]
fo.writelines(ls)
for line in fo:
    print(line)
fo.close()
```

5. 编程题。

（1）编写程序，遍历并输出文本文件 sample. txt 里的所有内容。sample. txt 中的内容自拟。

（2）编写程序，将文本文件 sample. txt 中 6~9 位置上的字符修改为 test。sample. txt 中的内容自拟。

（3）编写程序，统计文本文件 sample. txt 中最短行的长度和该行的内容。sample. txt 中的内容自拟。

（4）编写程序，查看当前工作路径，并且将当前工作路径修改为"D:\"。

第四篇

综合练习

综合练习题1

一、选择题(请将下列各题的正确答案填在答题卡内,共20题,每小题1分,共20分)

1. 关于Python程序格式框架的描述,以下选项中错误的是(　　)。

A. Python语言的缩进在程序中强制使用

B. Python语言缩进统一为4个空格

C. 选择、循环、函数等语法形式能够通过缩进一批Python代码,进而表达对应的语义

D. Python单层缩进代码属于之前最邻近的一行非缩进代码,多层缩进代码根据缩进关系决定所属范围

2. 下列选项中,不属于Python特点的是(　　)。

A. 面向对象　　B. 运行效率高　　C. 动态编程语言　　D. 免费和开源

3. 以下选项中,Python语言中代码注释使用的符号是(　　)。

A. :　　B. %　　C. #　　D. //

4. 表达式"0.6==0.1*6"的值为(　　)。

A. True　　B. False　　C. 1　　D. 0.6

5. 以下不是Python数据类型的是(　　)。

A. 实数　　B. 浮点数　　C. 整数　　D. 复数

6. 运算符"+"不可以用于下列哪项操作(　　)。

A. 算术加法　　B. 字符串合并与连接

C. 集合的并集运算　　D. 正号

7. print(r'b\'b')的输出结果是(　　)。

A. b'b　　B. b　　C. b\'b　　D. r'b\'b'

8. 下面代码的输出结果是(　　)。

```
a=2000000
b="-"
print("{0:{2}^{1},}\n{0:{2}>{1},}\n{0:{2}<{1},}".format(a,30,b))
```

A.
```
2,000,000---------------------
---------------------2,000,000
----------2,000,000-----------
```

B.
```
---------------------2,000,000
2,000,000---------------------
----------2,000,000-----------
```

C. ----------------------2,000,000
-----------2,000,000-----------
2,000,000-----------------------

D. -----------2,000,000-----------
----------------------2,000,000
2,000,000-----------------------

9. 下面 if 语句统计满足“性别(gender)为女,职称(rank)为副教授,年龄(age)小于 40 岁”条件的人数,正确的语句为(　　)。

A. if(gender=="女" or age<40 and rank=="副教授"):n+=1

B. if(gender=="女" and age<40 and rank=="副教授"):n+=1

C. if(gender=="女" and age<40 or rank=="副教授"):n+=1

D. if(gender=="女" or age<40 or rank=="副教授"):n+=1

10. Python 语言中,以下表达式输出结果为 35 的选项是(　　)。

A. print("3+5")　　B. print(3+5)

C. print(eval("3+5"))　　D. print(eval("3"+"5"))

11. 下面代码的执行结果是(　　)。

```
ls=[[1,2,3],[["Python",5],6],[7,{8}]]
print(len(ls))
```

A. 3　　B. 4　　C. 5　　D. 13

12. 下面代码的执行结果是(　　)。

```
ls=["2020","20.20","Python"]
ls.append(2020)
ls.append([2020,"2020"])
print(ls)
```

A. ['2020','20.20','Python',2020]

B. ['2020','20.20','Python',2020,[2020,'2020']]

C. ['2020','20.20','Python',2020,['2020']]

D. ['2020','20.20','Python',2020,2020,'2020']

13. 以下程序的输出结果是(　　)。

```
d={"zhang":"China","Jone":"America","Natan":"Japan"}
for k in d:
print(k,end=" ")
```

A. zhang Jone Natan　　B. China America Japan

C. zhang:China Jone:America Natan:Japan　　D. 出错

14. 假设将单词保存在变量 word 中,使用一个字典类型 counts={},统计单词出现的次数可采用以下代码(　　)。

A. counts[word]=count[word]+1　　B. counts[word]=1

C. counts[word]=counts.get(word,1)+1　　D. counts[word]=counts.get(word,0)+1

15. 设 x=20;y=20,下列语句能正确运行结束的是(　　)。

A. max=x >y ? x:y　　B. if(x>y)print(x)

C. while True:pass　　D. min=x if x < y else y

16. 给出如下代码:

```
while True:
```

```
guess=eval(input())
if guess=="553":
    break
```

作为输入能够结束程序运行的是(　　)。

A. 553　　B. "553"　　C. guess　　D. break

17. 以下程序的输出结果是(　　)。

```
>>> def f(x,y=0,z=0):pass
>>> f(1,2,y=3)
```

A. pass　　B. None　　C. not　　D. 出错

18. 关于函数作用的描述,以下选项中错误的是(　　)。

A. 复用代码　　B. 增强代码的可读性

C. 降低编程复杂度　　D. 提高代码执行速度

19. 下列关于异常的说法,错误的是(　　)。

A. 异常一般是指程序运行时发生的错误

B. 在异常处理结构中,finally 块中的代码总是会得到执行

C. 异常处理结构中的 finally 块中代码仍然有可能出错从而再次引发异常

D. 为了避免程序在运行中出现异常,应将尽量多的代码放置在 try 块中

20. 关于 import 引用,以下选项中描述错误的是(　　)。

A. 使用 import time 引入 time 库

B. 可以使用 from time import setup 引入 time 库

C. 使用 import time as t 引入 time 库,取别名为 t

D. import 保留字用于导入模块或者模块中的对象

二、判断题(请将下列各题的正确答案×/√填在答题卡内,共 20 题,每小题 1 分,共 20 分)

1. 在安装 Python 解释器时,应安装最新的版本。(　　)
2. 第一个 Python 解释器诞生于 1991 年。(　　)
3. Python 内置函数 input()把用户的键盘输入一律作为数值型返回。(　　)
4. 在 windows 平台上编写的 Python 程序无法在 Linux 平台上运行。(　　)
5. Python 程序只能使用源代码进行运行,不能打包成可执行文件。(　　)
6. Python 变量使用前必须先声明,并且一旦声明就不能在当前作用域内改变其类型。(　　)
7. 在 Python 中不可以使用 for 作为变量名。(　　)
8. 可以使用 remove()或 pop()函数来删除元组中的部分元素。(　　)
9. 假设 x 是含有 5 个元素的列表,那么切片操作 x[10:]是无法执行的,会抛出异常。(　　)
10. 表达式{1,3,2}>{1,2,3}的值为 True。(　　)
11. 集合支持双向索引,可以通过下标访问集合中的元素。(　　)
12. 列表可以作为字典的"键"。(　　)
13. Python3. x 支持使用中文作为标识符。(　　)
14. 在 Python 中,不能在一个函数的定义中再定义一个嵌套函数。(　　)
15. 一个函数如果带有默认值参数,那么所有参数都必须设置默认值。(　　)

16. 在定义函数时,某个参数名字前面带有 ** 表示可变长参数,可以接受任意多个关键字参数并存放于一个字典之中。( )

17. 定义函数时必须指定函数返回值类型。( )

18. 如果在函数中有语句 return 3,那么该函数一定会返回整数 3。( )

19. 在 Python 程序中,局部变量会隐藏同名的全局变量。( )

20. 只有 Python 扩展库才需要导入以后才能使用其中的对象,Python 标准库不需要导入即可使用其中的所有对象和方法。( )

三、填空题(请将下列各题的正确答案填在答题卡内,共 10 题,每题 2 分,共 20 分)

1. 在 Python 解释器中,使用函数__(1)__,可以进入帮助系统;使用函数__(2)__,可以查看对象类型。

2. Python 表达式 9.5/2 的值为__(3)__;Python 表达式 9.5//2 的值为__(4)__。

3. 循环语句 for i in range(-3,27,4) 的循环次数为__(5)__。

4. 假设列表对象 aList 的值为[3,4,5,6,7,8,9,12,13,14,15,16],那么切片 aList[2:-2:2]得到的值是__(6)__。

5. 假设有列表 a=['a','b','c']和 b=[10,20,30],请使用一个语句将这两个列表的内容转换为字典,并且以列表 b 中的元素为"键",以列表 a 中的元素为"值",这个语句可以写为__(7)__。

6. 假设有一个列表 a,现要求从列表 a 中以逆序的方式每 5 个元素取一个,并且将取到的元素组成新的列表 b,可以使用语句__(8)__。

7. 已知 g=lambda x,y=4,z=2:x * y * z,则语句 print(g(1,2))的输出结果为__(9)__。

8. 在函数内部可以通过关键字__(10)__来定义全局变量。

9. Python 关键字 elif 表示__(11)__和__(12)__两个单词的缩写。

10. 语句 list(map(str,[1,2,3]))的执行结果为__(13)__。

四、应用题(请将下列各题的正确答案填在答题卡内,共 4 题,第 1、2 题每题 3 分,第 3 题 4 分,第 4 题 5 分,共 15 分)

1. 阅读下面的 Python 语句,请问输出的结果是什么?(3 分)

```
>>> d1={'a':1,'b':2}
>>> d2=dict(d1)
>>> d1['a']=6
>>> sum=d1['a']+d2['a']
>>> print(sum)
```

2. 阅读下面的 Python 语句,请问输出的结果是什么?(3 分)

```
d={}
for i in range(26):
d[chr(i+ord("a"))]=chr((i+13)% 26+ord("a"))
for c in "cupk":
    print(d.get(c,c),end="")
```

3. 阅读下面的 Python 语句,请问输出的结果是什么？(4 分)

```
for i in range(8):
    if i==8:
        print("find it!")
        break
else:
print("Didn't find it!")
```

4. 阅读下面的 Python 语句,请问输出的结果是什么？(5 分)

```
def func( *b,a=3):
    for item in b:
        a+=item
    return a
m=0
print(func(5,5,5,5,5,5,m))
```

五、编程题(共 3 题,第 1 题 6 分,第 2 题 8 分,第 3 题 11 分,共 25 分)

1. 编写代码完成如下功能:(6 分)

(1)建立字典 d,包含内容是:"数学":98,"语文":74,"英语":88,"物理":31,"生物":54。

(2)向字典中添加键值对"化学":99。

(3)修改"数学"对应的值为 100。

(4)删除"生物"对应的键值对。

(5)按键的升序打印字典 d 全部信息,参考格式如下:

化学:99
数学:100
物理:31
英语:88
语文:74

2. 利用程序实现如下函数,x 为浮点型数,x 由键盘输入。(8 分)

$$y=\begin{cases} x^2 & (x<0) \\ \sqrt{x} & (0\leqslant x\leqslant 100) \\ \dfrac{2}{3}x & (x>100) \end{cases}$$

3. 编写程序求出满足不等式 $1+\frac{1}{2}+\frac{1}{3}+\frac{1}{4}+\frac{1}{5}+\frac{1}{6}+\cdots+\frac{1}{n}\geqslant 5$ 的最小 n 值并输出。(11 分)

综合练习题2

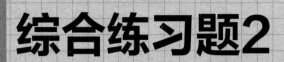

一、选择题（请将下列各题的正确答案填在答题卡内，共 10 题，每小题 2 分，共 20 分）

1. 以下选项中，不是解释性语言的是（　　）。

A. C　　B. Python　　C. PHP　　D. JavaScript

2. 以下选项中，Python 语言中代码注释使用的符号是（　　）。

A. /＊……＊/　　B. #　　C. !　　D. //

3. Python 中用 input( ) 函数接收到的数据为（　　）。

A. 字符串型，可以参加数值运算　　B. 字符串型，不能直接用于数值运算

C. 数值型，可以直接进行数值运算　　D. 不确定，由用户指定

4. 以下关于 random 库的描述，正确的是（　　）。

A. 设定相同种子，每次调用随机函数生成的随机数不相同

B. uniform(0,1)与 uniform(0.0,1.0)的输出结果不同，前者输出随机整数，后者输出随机小数

C. randint(a,b)是生成一个[a,b]之间的整数

D. 通过 from random import ＊引入 random 随机库的部分函数

5. 给出如下代码：

```
DictColor={"seashell":"海贝色","gold":"金色","pink":"粉红色","brown":"棕色","purple":"紫色",
"tomato":"西红柿色"}
```

以下选项中能输出“海贝色”的是（　　）。

A. print(DictColor.keys())　　B. print(DictColor["海贝色"])

C. print(DictColor.values())　　D. print(DictColor["seashell"])

6. 运行以下程序，输出结果的是（　　）。

```
print(",".join(["Everyday","Yourself","Python"]))
```

A. ,Everyday,Yourself,Python,　　B. Everyday,Yourself,Python,

C. ,Everyday,Yourself,Python　　D. Everyday,Yourself,Python

7. 下面代码的输出结果是（　　）。

```
a=1000000
b="-"
```

```
print("{0:{2}^{1},}\n{0:{2}>{1},}\n{0:{2}<{1},}".format(a,30,b))
```

A.
```
1,000,000---------------------
---------------------1,000,000
----------1,000,000-----------
```
B.
```
---------------------1,000,000
1,000,000---------------------
----------1,000,000-----------
```
C.
```
---------------------1,000,000
----------1,000,000-----------
1,000,000---------------------
```
D.
```
----------1,000,000-----------
---------------------1,000,000
1,000,000---------------------
```

8. Python 语言中,以下表达式输出结果为 14 的选项是(　　)。

A. print("1+4")　　B. print(1+4)

C. print(eval("1+4"))　　D. print(eval("1"+"4"))

9. 以下选项中 Python 安装第三方库的命令是(　　)。

A. os　　B. import　　C. pip　　D. cd

10. 以下关于 Python 文件的描述,错误的是(　　)。

A. open 函数的参数处理模式'b'表示以二进制数据处理文件

B. open 函数的参数处理模式'+'表示可以对文件进行读和写操作

C. open 函数的参数处理模式'a'表示追加方式打开文件,删除已有内容

D. readline 函数表示读取文件的下一行,返回一个字符串

二、判断题(请将下列各题的正确答案×/√填在答题卡内,共 10 题,每小题 1 分,共 10 分)

1. 当作为条件表达式时,0 与 False 等价。(　　)
2. 在安装 Python 解释器时,应安装最新的版本。(　　)
3. 表达式"0.7==0.1*7"的值为 True。(　　)
4. 可以使用 remove()或 pop()函数来删除元组中的部分元素。(　　)
5. 在定义函数时,某个参数名字前面带有一个*表示可变长参数,可以接受任意多个普通实参并存放于一个字典之中。(　　)
6. 表达式{1,3,2}>{1,2}的值为 False。(　　)
7. Python 字典中的"值"不允许重复。(　　)
8. 如果直接对字典对象进行遍历,遍历的是字典的键。(　　)
9. 函数是代码复用的一种方式。(　　)
10. 正则表达式只进行形式上的检查,并不保证内容的正确性。(　　)

三、填空题(请将下列各题的正确答案填在答题卡内,共 14 题,每题 2 分,共 28 分)

1. 在 Python 解释器中,使用函数__(1)__,可以进入帮助系统;使用函数__(2)__,可以查看对象类型。

2. Python 表达式 9/2 的值为__(3)__;Python 表达式 9//2 的值为__(4)__。

3. 表达式"[2] not in [1,2,3,4]"的值为__(5)__。

4. 假设有一个列表 a,现要求从列表 a 中以逆序的方式每 4 个元素取一个,并且将取到的元素组成新的列表 b,可以使用语句__(6)__。

5. 假设有列表 a=['Lucy','Lily','John']和 b=[11,12,13],请使用一个语句将这两个列表的内容转换为字典,并且以列表 a 中的元素为"键",以列表 b 中的元素为"值",这个语句可

以写为 __(7)__ 。

6. 假设列表对象 aList 的值为[3,4,5,6,7,8,9,11,12,13,14,15,16],那么切片 aList[2:-2:2]得到的值是 __(8)__ 。

7. 在 Python 中要表示一个空的代码块,可以使用空语句 __(9)__ 。

8. 表达式 type({})= =set 的值为 __(10)__ 。

9. 使用字典对象的 __(11)__ 方法可以返回字典的“键:值”对,使用字典对象的 __(12)__ 方法可以返回字典的“键”。

10. 已知有函数定义 def demo(*p):return max(p),那么表达式 demo(1,2,3)的值为 __(13)__ ,表达式 demo(1,2,3,4)的值为 __(14)__ 。

11. 表达式 list(map(lambda x:x**2,[1,2,3,4,5]))的值为 __(15)__ 。

12. 运行语句 print('{1:s},{0:s}'.format('b','a'))的结果是 __(16)__ 。

13. Python 内置函数 __(17)__ 用来返回序列的和;Python 内置函数 __(18)__ 用来返回序列中的最小元素。

14. 在函数内部可以通过关键字 __(19)__ 来定义全局变量。

四、应用题(请将下列各题的正确答案填在答题卡内,共 6 题,每题 3 分,共 18 分)

1. 阅读下面的 Python 语句,请问输出的结果是什么?

```
>>> d1={'a':1,'b':2}
>>> d2=dict(d1)
>>> d1['a']=9
>>> sum=d1['a']+d2['a']
>>> print(sum)
```

2. 阅读下面的 Python 语句,请问输出的结果是什么?

```
def f1():
"simple function"
pass
print(f1())
```

3. 阅读下面的 Python 语句,请问输出的结果是什么?

```
i=-1
while(i<0):i*=-1
print(i)
```

4. 阅读下面的 Python 语句,请问输出的结果是什么?

```
def func(a):
    for i in range(1,len(a)):
        j=i
        while(j>0)and(a[j]<a[j-1]):
            a[j],a[j-1]=a[j-1],a[j]
            j-=1
def main():
    a=[73,68,45,89,3,9]
    func(a)
```

```
    print(a)
if __name__=='__main__':main()
```

5. 阅读下面的 Python 语句,请问输出的结果是什么?

```
for i in range(9):
    if i=='4':
        print("find it!")
        break
else:
print("Didn't find it!")
```

6. 阅读下面的 Python 语句,请问输出的结果是什么?

```
def f( *a,size=None):
if   size==None:
b=sum(a)
    else:
b=sum(a[0:size])
    return b
print(f(5,2,4,1,5,3))
```

五、编程题(共 4 题,第 1、2 题每题 5 分,第 3 题 8 分,第 4 题 11 分,共 24 分)(注意:每题代码量不超过 10 行,每超一行扣 2 分)

1. 以论语中一句话"吾十有五而志于学,三十而立,四十不惑,五十而知天命,六十而耳顺,七十而从心所欲,不逾矩。"作为字符串变量 s,分别输出字符串 s 中汉字和标点符号的个数。(5 分)

2. 使用程序计算整数 N 到整数 N+200 之间所有偶数的数值和,并将结果输出。整数 N 由用户给出,不判断输入异常。(8 分)

3. 列表 ls 中存储了我系 39 名教师年终考评结果,请以这个列表为数据变量,统计输出各类型的数量。要求按如下格式输出:(11 分)

22:合格
15:优秀
2:不合格
ls=["合格","优秀","合格","合格","合格","合格","合格","合格","合格","合格","优秀","优秀","合格",优秀","合格","合格","合格","合格","合格","优秀","优秀","优秀","优秀","优秀","合格","不合格","优秀","合格","优秀","优秀","优秀","合格","优秀","合格","合格","优秀","不合格","合格","合格"]

综合练习题3

一、选择题(请将下列各题的正确答案填在答题卡内,共 20 题,每小题 1 分,共 20 分)

1. 下列哪个语句在 Python 中是非法的?(　　)

A. x=y=z=1　　B. x=(y=z+1)

C. x,y=y,x　　D. x+=y

2. 下面哪个不是 Python 合法的标识符(　　)。

A. int32　　B. 40XL　　C. self　　D. __name__

3. 下列哪种说法是错误的(　　)。

A. 除字典类型外,所有标准对象均可以用于布尔测试

B. 空字符串的布尔值是 False

C. 空列表对象的布尔值是 False

D. 值为 0 的任何数字对象的布尔值是 False

4. 以下 Python 注释代码,不正确的是(　　)。

A. #Python 注释代码　　B. #Python　注释代码

C. """Python 注释代码"""　　D. //Python 注释代码

5. 下列选项中,无序序列是(　　)。

A. list　　B. dict　　C. series　　D. tuple

6. Python 不支持的数据类型有(　　)。

A. char　　B. int　　C. float　　D. list

7. 运算符"-"不可以用于下列哪项操作(　　)。

A. 算术减法　　B. 集合的差集运算

C. 字符串的拆分　　D. 负号

8. 计算机中信息处理和信息储存用(　　)。

A. 二进制代码　　B. 十进制代码　　C. 十六进制代码　　D. ASCII 代码

9. ″ab″+″c″ * 2 结果是(　　)。

A. abc2　　B. abcabc　　C. abcc　　D. ababcc

10. 以下不能创建字典的 Python 语句是(　　)。

A. dict1={(1,2,3):'users'}　　B. dict2=dict(([2,4],[3,6]))

C. dict3=dict(a=1,b=2)　　D. dict4=dict((2,4),(3,6))

11. 以下哪个不是 Python 中的关键字(　　)。

A. raise　　B. with　　C. import　　D. final

12. 已知 x=[1,2,3,2,3],执行语句 x. remove(2)之后,x 的值为(　　)。

A. [1,3,2,3]　　B. [1,3,3]　　C. [1,2,2,3]　　D. [1,2,3,2,3]

13. 以下关于 Python 函数的描述中,错误的是(　　)。

A. 函数是一段可重用的语句组

B. 每次使用函数需要提供相同的参数作为输入

C. 函数通过函数名进行调用

D. 函数是一段具有特定功能的语句组

14. 以下关于 Python 循环结构的描述中,错误的是(　　)。

A. continue 只结束本次循环

B. 遍历循环中的遍历结构可以是字符串、序列数据类型和 range()函数等

C. Python 通过 for、while 等保留字构建循环结构

D. break 用来结束当前当次语句,但不跳出当前的循环体

15. 以下代码运行结果是(　　)。

```
names1=['Amir','Barry','Chales','Dao']
if 'amir' in names1:
    print 1
else:
    print 2
```

A. 1　　B. 2

C. An exception is thrown　　D. Nothing

16. print(eval("'hello+world'"))的输出结果是(　　)。

A. hello+world　　B. helloworld　　C. 'helloworld'　　D. "hello+world"

17. B=1773. 789,那么 print("{:. 4f}". format(B))的输出结果是(　　)。

A. 1773. 789　　B. 1774　　C. 1773. 7890　　D. 1773

18. var="@ ~ $ ^7& * #)(_+! 5#+="那么,print(var[2:-1])输出结果是(　　)。

A. $ ^7& * #)(_+! 5# +　　B. ~ $ ^7& * #)(_+! 5# +

C. $ ^7& * #)(_+! 5# +=　　D. ~ $ ^7& * #)(_+! 5# +=

19. 下面代码的执行结果是(　　)。

```
name="Python 语言程序设计课程"
print(name[0],name[2:-2],name[-1])
```

A. Python 语言程序设计课程　　B. Python 语言程序设计课

C. Python 语言程序设计程　　D. Python 语言程序设计课课

20. 关于递归函数的描述,以下选项中正确的是(　　)。

A. 包含一个循环结构　　B. 函数比较复杂

C. 函数名称作为返回值　　D. 函数内部包含对本函数的再次调用

二、判断题(请将下列各题的正确答案×/√填在答题卡内,共 20 题,每小题 1 分,共 20 分)

1. 表达式"0. 7 = = 0. 1 * 7"的值为 False。(　　)

2. 字典的查询速度不如列表和元组。(　　)

3. 函数是代码复用的一种方式。(　　)

4. Python 不允许使用关键字作为变量名,但是允许使用内置函数名作为变量名,不过这会改变函数名的含义,所以不建议这样做。(　　)

5. 可以使用 remove() 或 pop() 函数来删除元组中的部分元素。(　　)

6. Python 变量名不区分大小写,所以 student 和 Student 是同一个变量。(　　)

7. 如果直接对字典对象进行遍历操作,遍历的是字典的键值对。(　　)

8. 在定义函数时,某个参数名字前面带有一个 * 表示可变长参数,可以接受任意多个普通实参并存放于一个元组之中。(　　)

9. 当作为条件表达式时,1 与 True 等价。(　　)

10. 表达式{1,3,2}>{1,2}的值为 True。(　　)

11. Python 字典中的"键"可以是任意的数据类型。(　　)

12. 表达式[1,2,3]与表达式[2,3,1]相同。(　　)

13. Python 是一种跨平台、开源、免费的高级动态编程语言。(　　)

14. 当作为条件表达式时,空值、空字符串、空列表、空元组、空字典、空集合、空迭代对象以及任意形式的数字 0 都等价于 False。(　　)

15. 已知 A 和 B 是两个集合,并且表达式 A<B 的值为 False,那么表达式 A>B 的值一定为 True。(　　)

16. 执行语句 from math import sin 之后,可以直接使用 sin()函数,例如 sin(3)。(　　)

17. 已知 x=3,那么执行语句 x+=6 之后,x 的内存地址不变。(　　)

18. 判断以下的代码段是否合法(合法为正确,不合法为错误)。(　　)

```
>>>number=5
>>>print(number+"is my lucky number.")
```

19. 列表可以作为集合的元素。(　　)

20. Python 字典中的"键"可以是元组。(　　)

三、填空题(请将下列各题的正确答案填在答题卡内,每空 1 分,共 20 分)

1. Python 的序列数据类型中,__(1)__、__(2)__是 Python 的有序数据类型;__(3)__、__(4)__是无序数据类型。

2. Python 表达式 10.5/2 的值为__(5)__;Python 表达式 10.5//2 的值为__(6)__。

3. 假设有一个列表 a,现要求从列表 a 中以逆序的方式每 2 个元素取一个,并且将取到的元素组成新的列表 b,可以使用语句__(7)__。

4. Python 内置函数__(8)__可以返回列表、元组、字典、集合、字符串以及 range 对象中某个元素的个数。内置函数__(9)__可以返回列表、元组、字典、集合、字符串以及 range 对象中所有元素的个数。

5. 假设有列表 a=['武松','松江','李逵']和 b=[1,2,3],请使用一个语句将这两个列表的内容转换为字典,并且以列表 b 中的元素为"键",以列表 a 中的元素为"值",这个语句可以写为__(10)__。

6. 表达式[x for x in [1,2,3,4,5] if x<3]的值为__(11)__。

7. 假设列表对象 aList 的值为[3,4,5,6,7,8,9,11,12,13,14,15,16],那么切片 aList[-5:-2]得到的值是__(12)__。

8. Python 语句 list(range(1,10,3))执行结果为__(13)__。

9. 表达式 set([1,1,2,3])的结果为 (14) 。

10. 使用字典对象的 (15) 方法可以返回字典的“键:值”对,使用字典对象的 (16) 方法可以返回字典的“键”,使用字典对象的 (17) 方法可以返回字典的“值”。

11. 已知有函数定义 def func(*para):return para,那么表达式 func(1,2,3)的值为 (18) 。

12. 表达式 type([])==dict 的值为 (19) 。

13. 表达式 list(map(lambda x:x-2,[1,2,3,4,5]))的值为 (20) 。

四、应用题(请将下列各题的正确答案填在答题卡内,共4题,第1题3分,第2题3分,第3题4分,第5题5分,共15分)

1. 阅读下面的 Python 语句,请问输出的结果是什么?(3分)

```
i=0
result=0
while i <=100:
    if i % 2 !=0:
result+=i
i+=1
print(result)
```

2. 阅读下面的 Python 语句,请问输出的结果是什么?(3分)

```
>>> d1={'first':3,'second':2}
>>> d2=dict(d1)
>>> d1['first']=6
>>> sum=d1['first']+d2['first']
>>> print(sum)
```

3. 阅读下面的 Python 语句,请问输出的结果是什么?(4分)

```
list=[32,43,12,23,1,3,5]
x=sum(list)
print('sum={}'.format(x))
y=x/len(list)
print('aver={}'.format(y))
```

4. 以下函数用来实现求阶乘,请补全代码。

```
def myfac(n):
if______:________
return 1
```

五、编程题(共3题,第1题7分,第2题8分,第3题10分,共25分)

1. 用户输入一个三位自然数,计算并在同一行输出其百位、十位和个位上的数字。(7分)

2. ″水仙花数″是指一个三位整数,其各位数字的 3 次方和等于该数本身。(8 分)

例如:ABC 是一个″3 位水仙花数″,则 A 的三次方+B 的三次方+C 的三次方=ABC。

请按照从小到大的顺序输出所有的 3 位水仙花数,请用″逗号″分隔输出结果。

3. 给用户三次输入用户名和密码的机会,要求如下:(10 分)

(1)如第一行输入用户名为“Kate”,第二行输入密码为“666666”,输出“登录成功!”,退出程序;

(2)当有 3 次输入用户名或密码不正确时输出“3 次用户名或者密码均有误! 退出程序。”。

综合练习题4

一、选择题（请将下列各题的正确答案填在答题卡内，共20题，每小题1分，共20分）

1. 以下变量名中，不符合Python语言变量命名规则的是(　　)。

A. abc_33　　B. 中国　　C. 1_price　　D. _keyword

2. Python中数据结构分为可变类型与不可变类型，下面属于不可变类型的是(　　)。

A. 元组　　B. 列表　　C. 集合　　D. 字典

3. 以下关于Python全局变量和局部变量的描述中，错误的是(　　)。

A. 局部变量在函数内部创建和使用，函数退出后变量被释放

B. 全局变量一般指定义在函数之外的变量

C. 使用global保留字声明后，变量可以作为全局变量使用

D. 当函数退出时，局部变量依然存在，下次函数调用可以继续使用

4. 关于函数的参数，以下选项中描述错误的是(　　)。

A. 一个元组可以传递给带有星号的可变参数

B. 带默认值参数可以定义在无默认值参数的前面

C. 在定义函数时，可以设计可变长度参数，通过在参数前增加星号(*)实现

D. 如果函数实参是字典，可以在前面加两个星号进行解包，等价于关键参数

5. Python源程序执行的方式(　　)。

A. 编译执行　　B. 解释执行　　C. 直接执行　　D. 边编译边执行

6. Python语言语句块的标记是(　　)。

A. 分号　　B. 逗号　　C. 缩进　　D. /

7. 以下是字符转换成字节的方法是(　　)。

A. decode()　　B. encode()　　C. upper()　　D. rstrip()

8. 以下函数的返回值是(　　)。

```
def function():
print('pass')
```

A. 0　　B. pass　　C. 无返回值　　D. None

9. 关于Python语言中的注释，以下描述错误的是(　　)。

A. 注释不会被执行，它为程序提供辅助性的说明

B. Python语言中的单行注释以符号#开头

C. Python 语言总的多行注释以符号'''开头和结尾

D. Python 程序中必须有注释

10. 整型变量 x 中存放了一个两位数,要将这个两位数的个位数字和十位数字交换位置,例如,13 变成 31,则正确的 Python 表达式是(　　)。

A. (x%10) * 10+x//10　　B. (x%10)//10+x//10

C. (x/10)%10+x//10　　D. (x%10) * 10+x%10

11. 在 Python 中,设有 s=['a','b'],则语句序列"s. append([1,2]);s. insert(1,7);"执行后,s 值为( )。

A. ['a',7,'b',1,2]　　B. [[1,2],7,'a','b']

C. [1,2,'a','7','b']　　D. ['a',7,'b',[1,2]]

12. 以下关于 Python 函数的描述中,错误的是(　　)。

A. 函数是一段具有特定功能的可重用的语句组

B. 每次使用函数需要提供相同的参数作为输入

C. 函数通过函数名进行调用

D. 函数的返回值类型与 return 语句返回表达式的类型一致

13. 以下关于 Python 循环结构的描述中,错误的是(　　)。

A. continue 只结束本次循环

B. 遍历循环中的遍历结构可以是字符串、文件、组合数据类型和 range()函数等

C. Python 通过 for、while 等保留字构建循环结构

D. break 用来结束当前当次语句,但不跳出当前的循环体

14. 在一个应用程序中定义 a=[1,2,3,4,5,6,7,8,9,10],为了打印输出列表 a 的最后一个元素,下面正确的代码是(　　)。

A. print(a[10])　　B. print(a[9])

C. print(a[len(a)])　　D. print(a(9))

15. 设有变量赋值 x=3.5;y=4.6;z=5.7,则以下的表达式中值为 True 的是(　　)。

A. x>y or x>z　　B. x!=y　　C. z>y+x　　D. x<y and not(x<z)

16. 若 k 为整数,下述 while 循环执行的次数为(　　)。

```
k=1000
while k>=1:
print(k)
k=k//2
```

A. 1000　　B. 9　　C. 10　　D. 不确定

17. 以下不能创建一个字典的语句是(　　)。

A. dict1={}　　B. dict2={3:5}

C. dict3=dict([2,5],[3,4])　　D. dict4=dict(zip([1,2],[3,4]))

18. 以下(　　)选项不是 Python 语言的整数类型。

A. 0B1010　　B. 88　　C. 0x9a　　D. 0E99

19. 以下(　　)是语句 True-False 的执行结果。

A. 1　　B. -1　　C. 0　　D. True

20. 以下关于 lambda 函数说法错误的是(　　)。

A. 函数中可以使用赋值语句块　　B. 必须使用 lambda 保留字定义

C. 仅适用于简单单行函数　　D. 匿名函数,定义后的结果是函数名称

二、判断题(请将下列各题的正确答案×/√填在答题卡内,共20题,每小题1分,共20分)

1. Python 运算符%不仅可以用来求余数,还可以用来格式化字符串。(　　)
2. Python 中浮点数类型与数学中实数的概念一致,表示带有小数的数值。(　　)
3. Python 中如果语句太长,可以使用'\'作为续行符。(　　)
4. 在函数内部,既可以使用 global 来声明使用外部全局变量,也可以使用 global 直接定义全局变量。(　　)
5. Python 3. x 完全兼容 Python 2. x。(　　)
6. Python 变量名不区分大小写,所以 student 和 Student 是同一个变量。(　　)
7. 已知 x=3,那么执行语句 x+=6 之后,x 的内存地址不变。(　　)
8. 对于有 else 子句的 for 循环和 while 循环,因循环条件不成立而提前结束时才会执行 else 中的代码。(　　)
9. print(1+'2')的输出结果是'3'。(　　)
10. Python 中一切内容都可以称为对象。(　　)
11. 执行语句 x={},x 的类型是集合。(　　)
12. 字符串对象是不可变的,所以字符串对象提供的涉及到字符串"修改"的方法都是返回修改后的新字符串,并不对原始字符串做任何修改,无一例外。(　　)
13. 字典的"键"和"值"都是不允许重复的。(　　)
14. 集合与列表一样,支持切片操作,因此可以利用切片删除集合中指定位置的元素。(　　)
15. Python 中一个函数中只允许有一条 return 语句。(　　)
16. 设有序列结构 s,则使用 max(s)一定能够返回序列 s 中的最大元素。(　　)
17. 在函数内部没有任何方法可以影响实参的值。(　　)
18. 当作为条件表达式时,{}与 None 等价。(　　)
19. Python 支持命令式编程、函数式编程,同时完全支持面向对象程序设计。(　　)
20. 在调用函数时,必须牢记函数形参顺序才能正确传值。(　　)

三、填空题(请将下列各题的正确答案填在答题卡内,每空2分,共20分)

1. 在使用 import 语句导入函数时,可以使用__(1)__语句来给函数指定别名。
2. Python 表达式 eval("5/2+5%2+5//2")的结果是__(2)__。
3. a=[1,2,3,None,(),[],];print(len(a))的输出结果是__(3)__。
4. 表达式{1,2,3,4}-{3,4,5,6}的值为__(4)__。
5. 语句print('A',"B",sep='-',end='!')执行的结果是__(5)__。
6. 设 s='abcdefg',则 s[::-1]的值是__(6)__。
7. 已知 dic={1:2,2:3,3:4},则表达式 sum(dic.keys())的值为__(7)__。
8. "f1=lambda x:x * 3;f2=lambda x:x * 2;print(f1(f2(3)))"的程序运行结果是__(8)__。
9. 关键字__(9)__用于测试一个对象是否是一个可迭代对象的元素。
10. 查看变量类型的 Python 内置函数是__(10)__。

四、应用题(请将下列各题的正确答案填在答题卡内,共4题,第1题3分,第2题3分,第3题4分,第5题5分,共15分)

1. 请写出以下程序的输出结果。

```
str1="Python example!!!"
str2="exam";
print(str1.find(str2,5))
```

2. 请写出以下程序的输出结果。

```
def demo(x,list=[]):
list.insert(len(list),x)
return list
List=demo(1)
List=demo(2)
print(List)
```

3. 若以下程序段执行输入数据为:5,2,7,10,8,请写出m的值。

```
x=input()
y=list(map(lambda x:int(x),x.split(',')))
m=0
for i in y:
m=i if m<i else m
print(m)
```

4. 请写出以下程序的输出结果。

```
def function(x):
x=x+1
print(x,end=' ')          # end=空格

# 调用
x=3
function(x)
print(x)
```

五、编程题(共3题,第1题7分,第2题8分,第3题10分,共25分)。

1. 编程实现输出[1,100]之间所有能被7整除但不能被3整除的数。

2. 请输入整数 n,并打印 n 行由 * 构成的倒三角形,如图所示为 4 行倒三角。

```
   *
  ***
 *****
*******
```

3. 编写函数,判断一个数字是否为素数,是则返回字符串 YES,否则返回字符串 NO。

综合练习题1答案

一、选择题

1~5:B B C B A　　6~10:C C D B D　　11~15:A B A D D　　16~20:B D D D B

二、判断题

1~5:× √ × × ×　　6~10:× √ × × ×　　11~15:× × √ × ×　　16~20:√ × × √ ×

三、填空题

(1)help( )或 help
(2)type( )或 type
(3)4.75
(4)4
(5)8
(6)[5,7,9,13]
(7)dict(zip(b,a))
(8)b=a[::-5]
(9)4
(10)global
(11)if 或 else
(12)else 或 if
(13)['1','2','3']

四、应用题

1. 7
2. phcx
3. Didn't find it!
4. 33

五、编程题

1. 参考代码：

```
d={"数学":98,"语文":74,"英语":88,"物理":31,"生物":54}
d["化学"]=99
d["数学"]=100
del d["生物"]
for key in sorted(d):
    print("{}:{}".format(key,d[key]))
```

2. 参考代码：

```
x=eval(input())
if x < 0:
    y=x**2
elif 0<=x<=100:
    y=x**0.5
else:
    y=2*x/3
print(y)
```

3. 参考代码：

```
s=0
i=1
while True:
    s+=1/i
    if s>=5:
        break
    i+=1
print(i)
```

综合练习题2答案

一、选择题

1~5:A B B C D　　6~10:D D D C C

二、判断题

1~5:√ × × × ×　　6~10:× × √ √ √

三、填空题

(1)help()或 help
(2)type()或 type
(3)4.5
(4)4
(5)True
(6)b=a[::-4]
(7)dict(zip(a,b))
(8)[5,7,9,12,14]
(9)pass
(10)False
(11)items()或 items
(12)keys()或 keys
(13)3
(14)4
(15)[1,4,9,16,25]
(16)a,b
(17)sum()
(18)min()
(19)global

四、应用题

1. 10
2. None

3. 1

4. [3,9,45,68,73,89]

5. Didn't find it!

6. 20

五、编程题

1. 参考代码：

```
s="吾十有五而志于学,三十而立,四十不惑,五十而知天命,六十而耳顺,七十而从心所欲,不逾矩。"
n=0            # 汉字个数
m=0            # 标点符号个数
m=s.count(',')+s.count('。')
n=len(s)-m
print("字符数为{},标点符号数为{}。".format(n,m))
```

2. 参考代码：

```
N=input("请输入一个整数:")
s=0
for i in range(eval(N),eval(N)+200):
    if i%2==0:
        s+=i
print(s)
```

3. 参考代码：

```
d={}
for word in ls:
d[word]=d.get(word,0)+1
for k in d:
    print("{}:{}".format(d[k],k))
```

综合练习题3答案

一、选择题

1~5:B B A D B　　6~10:A B A C D　　11~15:D A B D B　　16~20:A C A C D

二、判断题

1~5:√ × √ √ ×　　6~10:× × √ √ √　　11~15:× × √ √ ×

16~20:√ × × × √

三、填空题

(1)列表

(2)元组

(3)字典(集合)

(4)集合(字典)

(5)5.75

(6)5

(7)b=a[::-2]

(8)count 或 count()

(9)len 或者 len()

(10)dict(zip(b,a))

(11)[1,2]

(12)[12,13,14]

(13)[1,4,7]

(14){1,2,3}

(15)items()或 items

(16)keys()或 keys

(17)values()

(18)(1,2,3)

(19)False

(20)[-1,0,1,2,3]

四、应用题

1. 2500
2. 9
3. sum=119
   aver=17.0
4. 空一:n==1
   空二:return n * myfac(n-1)

五、编程题

1. 参考代码一:

```
x=input('请输入一个三位数:')
x=int(x)
a=x // 100
b=x // 10 % 10
c=x % 10
print(a,b,c)
```

参考代码二:

```
x=input('请输入一个三位数:')
x=int(x)
a,b=divmod(x,100)
b,c=divmod(b,10)
print(a,b,c)
```

参考代码三:

```
x=input('请输入一个三位数:')
a,b,c=map(int,x)
print(a,b,c)
```

2. 参考代码:

```
s=""
for i in range(100,1000):
t=str(i)
if pow(eval(t[0]),3)+pow(eval(t[1]),3)+pow(eval(t[2]),3)= =i:
s+="{},".format(i)
print(s[:-1])
```

3. 参考答案:

```
count=0
while count < 3:
name=input()
password=input()
if name=='Kate' and password=='666666':
print("登录成功!")
```

```
break
else:
count+=1
if count==3:
print("3 次用户名或者密码均有误！退出程序。")
```

综合练习题4答案

一、选择题

1~5:C A D B B　　6~10:C B D D A　　11~15:D B D B B　　16~20:C C D A A

二、判断题

1~5:√ √ √ √ ×　　6~10:× × × × √　　11~15:× √ × × ×
16~20:× × √ √ ×

三、填空题

(1)as
(2)5.5
(3)6
(4){1,2}
(5)A-B!
(6)gfedcba
(7)6
(8)18
(9)in
(10)type()或 isinstance()均可

四、应用题

1. 7
2. [1,2]
3. 10
4. 4 3

五、编程题

1. 参考代码：

```
for i in range(1,101):
if i%7==0 and i%3!=0:
print(i,end=' ')
```

2. 参考代码：

```
n=int(input())
for i in range(1,n+1):
print(('*'*(2*i-1)).center(2*n-1))
```

3. 参考答案：

```
def IsPrime(v):
for i in range(2,v):
if v%i==0:
return 'No'
else:
return 'Yes'
```

参考文献

[1] Mark Lutz. Python 学习手册[M]. 北京:中国电力出版社,2018.

[2] Mark Lutz. Python 编程[M]. 北京:中国电力出版社,2018.

[3] 约翰·策勒. Python 程序设计[M]. 3 版. 北京:人民邮电出版社,2018.

[4] Bill Lubanovic. Python 语言及其应用[M]. 北京:人民邮电出版社,2020.

[5] 刘瑜. Python 编程从零基础到项目实战(微课视频版)[M]. 北京:中国水利水电出版社,2019.

[6] 嵩天,黄天宇,礼欣. 程序设计基础(Python 语言)[M]. 北京:高等教育出版社,2016.

[7] 李国和. Python 程序设计基础[M]. 北京:石油工业出版社,2022.

[8] 姚普选. Python 程序设计方法[M]. 北京:电子工业出版社,2020.

[9] 刘宇宙. Python 实用教程[M]. 北京:电子工业出版社,2019.

[10] 何旭莉,刘培刚. 程序设计(Python 版)[M]. 北京:石油工业出版社,2021.

[11] 李东方,文欣秀,张向东. Python 程序设计基础[M]. 北京:电子工业出版社,2020.

[12] 李国和,赵建辉,朱瑛等. C 语言及其程序设计[M]. 北京:电子工业出版社,2018.

[13] 赵建辉,李国和,张秀美. C 学习辅导与实践[M]. 北京:电子工业出版社,2018.

[14] 李国和. 基于搜索策略的问题求解:数据结构与 C 语言程序设计综合实践[M]. 北京:电子工业出版社,2019.

[15] 谭浩强. C 程序设计[M]. 5 版. 北京:清华大学出版社,2017.

[16] 刘启明,苏庆堂,胡凤珠. 程序设计基础[M]. 2 版. 北京:高等教育出版社,2015.

[17] 严蔚敏,吴伟民. 数据结构[M]. 北京:清华大学出版社,2016.

[18] 王晓东. 计算机算法设计与分析[M]. 4 版. 北京:电子工业出版社,2012.

[19] 董付国. 玩转 Python 轻松过二级[M]. 北京:清华大学出版社,2018.